Michael Betz

Modellierung und Optimierung der strömungstechnischen Vorgänge in Abweiseradsichtern

Modellierung und Optimierung der strömungstechnischen Vorgänge in Abweiseradsichtern

von

Michael Betz

KIT Scientific Publishing

Karlsruher Institut für Technologie
Institut für Mechanische Verfahrenstechnik und Mechanik

Modellierung und Optimierung der strömungstechnischen Vorgänge in Abweiseradsichtern

Zur Erlangung des akademischen Grades eines Doktors der Ingenieurswissenschaften von der KIT-Fakultät für Chemieingenieurswesen und Verfahrenstechnik des Karlsruher Instituts für Technologie (KIT) genehmigte Dissertation

von Michael Betz, M.Sc.

Tag der mündlichen Prüfung: 15. Juli 2022
Referent: Prof. Dr.-Ing. Hermann Nirschl
Korreferent: Prof. Dr. Alfred Weber

Impressum

KIT Scientific Publishing

Karlsruher Institut für Technologie (KIT)
KIT Scientific Publishing
Straße am Forum 2
D-76131 Karlsruhe

KIT Scientific Publishing is a registered trademark
of Karlsruhe Institute of Technology.
Reprint using the book cover is not allowed.

www.ksp.kit.edu

Print on Demand 2022 – Gedruckt auf FSC-zertifiziertem Papier

ISBN 978-3-7315-1235-6
DOI 10.5445/KSP/1000150815

Danksagung

Die vorliegende Dissertation entstand in den Jahren 2017 bis 2022 während meiner Zeit als wissenschaftlicher Mitarbeiter am Institut für Mechanische Verfahrenstechnik und Mechanik (MVM) des Karlsruher Instituts für Technologie (KIT). Nachfolgend möchte ich den Menschen danken, die zum Gelingen dieser Arbeit beigetragen haben.

Mein besonderer Dank gilt meinem Doktorvater, Herrn Prof. Dr.-Ing. Hermann Nirschl, der durch sein entgegengebrachtes Vertrauen, seine ideenreichen Anregungen sowie seine Unterstützung die Entstehung dieser Arbeit ermöglicht hat.

Herrn Prof. Dr. Alfred Weber danke ich für die freundliche Übernahme des Korreferats.

Während meiner Arbeit hatte ich das Glück, eine Vielzahl an universitären und industriellen Kontakten zu haben. Ohne den konstruktiven Austausch wäre die Arbeit in dieser Weise nicht zustande gekommen. Bei der Fa. Gebrüder Pfeiffer SE bedanke ich mich für die Finanzierung sowie die Bereitstellung des Versuchsstands, ohne die die Durchführung der Arbeit nicht möglich gewesen wäre. An dieser Stelle möchte ich besonders der Abteilung Verfahrenstechnik danken, die durch ihre außergewöhnliche Atmosphäre, ihre Unterstützung bei den Versuchen und den fachlichen Austausch sehr zum Gelingen dieser Arbeit beigetragen hat. Ein besonderer Dank gilt dabei Caroline Woywadt und Burkhard Kraft.

Ein großer Teil der Arbeit wäre auch nicht ohne das großartige Team am MVM möglich gewesen. Zusätzlich zu dem hervorragenden fachlichen Austausch herrschte allzeit eine angenehme Arbeitsatmosphäre. Neben den wissenschaftlichen Mitarbeitern in der Arbeitsgruppe gilt dabei mein Dank auch den Mitarbeitern aus Verwaltung, Werkstätten und IT. An dieser Stelle möchte ich namentlich Marco Gleiss hervorheben, der mich zum Promotionsvorhaben ermuntert und dieses durch unzählige fachliche Diskussionen unterstützt hat.

Ferner danke ich meiner Familie und meinen Freunden für die Unterstützung durch die Höhen und Tiefen der letzten Jahre. Meinen Eltern gilt hierbei ein besonderer Dank für ihren Zuspruch, ihr Vertrauen und ihre finanzielle Unterstützung während des Studiums.

Zuletzt gilt meiner Frau Vanessa ein herzlicher Dank. Dein Zuspruch hat mir über vereinzelte Motivationstiefs hinausgeholfen und mir stets das Gefühl gegeben, dass ich die mir gesteckten Ziele erreichen kann.

Zusammenfassung

Die vorliegende Arbeit befasst sich mit der mathematischen Modellierung und geometrischen Optimierung zur energieeffizienten Auslegung und Senkung der hohen Betriebskosten von Abweiseradsichtern. Abweiseradsichter sind kontinuierlich arbeitende Klassier- oder Trennapparate, die bei der Aufbereitung von Gas-Partikel-Gemischen in der Mineral-, Zement- und chemischen Industrie Anwendung finden. Als Trennprinzip fungieren die Strömungsbedingungen, die die Widerstands- und Zentrifugalkraft beeinflussen, welche durch die rotierenden Schaufeln des Sichters ins System eingebracht werden.

Zur konstruktiven Optimierung und Bildung von Modellen zur Vorhersage charakteristischer Kenngrößen wie dem Trennverhalten oder Druckverlust eines Sichters ist ein tieferes Verständnis der strömungstechnischen Vorgänge erforderlich. Für diesen Zweck wird ein numerischer Algorithmus entwickelt, mit dessen Hilfe erstmalig auch der Einfluss von Partikel-Partikel-Interaktionen auf die Vorgänge in Sichtern Berücksichtigung findet. Die numerische Strömungssimulation stellt im Vergleich zu optischen Analysemethoden eine kostengünstigere und schnellere Alternative dar, weshalb nach einer ausreichenden Validierung zeit- und ortsaufgelöste Informationen zur Strömung und Partikelbewegung vorliegen. Dadurch ist eine ausführliche Analyse des Einflusses einzelner Parameter auf den Sichtprozess durchführbar.

Im Anschluss erfolgt, basierend auf den gewonnenen Erkenntnissen, die Darstellung von konstruktiven Maßnahmen, die zu einer Verbesserung der Trenneigenschaften sowie einer Reduktion des Druckverlusts führen. Die Prozessoptimierung ist dabei stets an die Betriebsbedingungen und Baugrößen gekoppelt. Die Ergebnisse zeigen, dass durch die geometrischen Maßnahmen eine Reduktion des Druckverlusts von bis zu 50 % und eine Verringerung der Trenngrenze von bis zu 20 % möglich ist. Zusätzlich erlauben die Maßnahmen auch eine Verringerung des auftretenden Fish-Hook Effekts, der zu einem Ausbeuteverlust führt.

Abschließend wird ein Modellansatz zur Vorhersage des Druckverlusts und der Trennfunktion in Abhängigkeit von Betriebsbedingungen und geometrischen Abmaßen beschrieben. Das Ziel ist die betriebsbedingte Prozessoptimierung in kürzeren Entwicklungszeiten.

Abstract

The present work deals with geometric optimization and mathematical modeling for energy-efficient design and reduction of high operating costs in deflector classifiers. Classifiers are continuously operating apparatus which are used in the processing of gas-particle mixtures in the mineral, cement or chemical industries. The classification principle is the flow conditions that influence the drag and centrifugal force introduced into the system by the rotating blades of the classifier.

A deeper understanding of the fluidic processes is required for the geometric optimization and formation of models for the prediction of characteristic parameters such as the classification behavior or pressure drop of a classifier. For this purpose, a new numerical algorithm is being developed, which, for the first time, also takes into account the influence of particle-particle interactions on the processes in classifiers. Compared to optical analysis methods, numerical flow simulation is a cheaper and faster alternative. Therefore, after sufficient validation, time- and location-dependent information on flow and particle motion is available. Thus, a detailed analysis of the influence of individual parameters is feasible.

Based on the findings, geometric measures are then presented that result in an improvement of the classification properties and a reduction of the pressure drop. The process optimization is always coupled to the operating conditions and classifier sizes. The results show that the geometric measures allow reductions in pressure loss of up to 50 % and in classification efficiency of up to 20 %. In addition, the measures also allow a reduction of the occurring fish-hook effect, which leads to a yield loss.

Finally, a description of a model approach for predicting the pressure loss and the classification efficiency as a function of operating conditions and geometric dimensions is given. The goal is operational process optimization in shorter development times.

Inhaltsverzeichnis

1 Einleitung und Zielsetzung

1.1 Einleitung

Das Einstellen und Erzielen der gewünschten Produkteigenschaften bei geforderten Durchsatzraten ist das oberste Ziel eines verfahrenstechnischen Prozesses und ist daher bei der Planung einer Anlage die richtungsweisende Größe. Einen dominierenden Einfluss auf die Produkteigenschaften hat dabei die Partikelgrößenverteilung. So verweisen Borho et al. [1] darauf, dass die Filtrierbarkeit oder Mischbarkeit eines Stoffes direkt mit der Partikelgröße korreliert, da beispielsweise Partikelkräfte untereinander bei abnehmender Partikelgröße an Bedeutung gewinnen. Aber auch optische Eigenschaften wie die Farbe oder die chemische Aktivität eines Stoffes sind durch die Partikelgrößenverteilung beeinflussbar [2]. Neben den eigentlichen Herstellungsschritten sind vor allem auch die Aufbereitungsprozesse zum Einstellen der Produkteigenschaften relevant.

Eine Apparatur, die bei der Aufbereitung oder Klassierung von Gas-Partikel-Systemen vermehrt Anwendung findet, ist der dynamische Abweiseradsichter. Der Abweiseradsichter erzeugt durch seine rotierenden Schaufeln eine erzwungene Wirbelsenkenströmung. Im Vergleich zu ähnlichen Trennapparaten wie Spiralwindsichtern oder Zyklonen zeichnet sich der Abweiseradsichter durch seine geringe Sensitivität gegenüber der Feststoffbeladung bei hohen Durchsätzen und Trenngrenzen aus. Dies gelingt dadurch, dass aufgrund der Rotation des Sichtrads eine konstante Zentrifugalkraft entgegen der Luftbewegung gerichtet ist [3]. Je nach Größe erfahren die Partikel demnach unterschiedlich starke Kräfte und werden in die gewünschten Fraktionen klassiert.

Dynamische Abweiseradsichter existieren in verschiedenen Baugrößen und -formen. Dies ist auf die Vielzahl an Anwendungsbereichen zurückzuführen. Typische Anwendungsbereiche sind in der Mineral-, Zement- und chemischen Industrie angesiedelt. Ist bei Farbpigmenten der Fokus eher darauf gerichtet, eine enge und sehr feine Partikelgrößenverteilung einzustellen, so stehen in der Zementindustrie dahingegen große Durchsätze bei geringen Energiekosten im Vordergrund.

Neben den Fertigungskosten charakterisieren vorwiegend die operativen Energiekosten sowie die Trenneigenschaften die Leistungsfähigkeit eines Abweiseradsichters. Eine konstruktive Optimierung zielt deshalb vor allem auf diese ab. Zudem besteht auch ein wachsendes Interesse an der Vorhersage der oben genannten Parameter. Hier ist die Entwicklung von mathematischen Modellen, die eine deutlich schnellere Abschätzung von Investitions- und Energiekosten ermöglichen, gefragt. Durch die Einbindung der Modelle ist eine modellprädiktive Regelung und Optimierung der Gesamtanlage möglich, da der Abweiseradsichter häufig nur ein Teil eines Gesamtsystems einnimmt.

Zur konstruktiven Optimierung und Entwicklung von mathematischen Modellen ist ein grundlegendes Verständnis der strömungstechnischen Vorgänge in Abweiseradsichtern erforderlich, da in der Realität existierende Trenngrenzen nicht mit einfachen Kräftegleichgewichten beschrieben werden können. Bei der Untersuchung des Strömungsprofils und der Partikelbahnen stehen zwei unterschiedliche Herangehensweisen zur Verfügung:

Ein Großteil der Forscher nutzt die numerische Strömungssimulation, zu engl. Computional Fluid Dynamics (CFD), zur Analyse der Strömungsbedingungen. Die CFD hat den Vorteil, dass sie im Vergleich zur zweiten Herangehensweise, eine kostenarme und zeitsparende Alternative ist und nach einer ausreichenden Validierung eine detaillierte Analyse aller Bereiche des Sichters ermöglicht. Bei der zweiten Methode erfolgt eine Untersuchung der strömungstechnischen Vorgänge mit Hilfe optischer Verfahren wie beispielsweise der Particle Image Velocimetry (PIV) und Hochgeschwindigkeitskameras. Die optische Visualisierung der Vorgänge liefert einen wichtigen und unverzichtbaren Beitrag zur Validierung der Strömung in einem Abweiseradsichter, stößt aber bei der Variation der geometrischen Struktur eines Abweiseradsichters schnell auf kosten- und zeitbedingte Grenzen. Zudem ist eine optische Visualisierung stets eingeschränkt einsetzbar, da sie nur bei geringen Partikelbeladungen Anwendung findet und Vorgänge im inneren Bereich des Sichters nur schwer zugänglich sind. Demnach lassen sich aus den beschriebenen Zusammenhängen die nachfolgenden Zielsetzungen für diese Arbeit ableiten.

1.2 Zielsetzungen

Oberstes Ziel dieser Arbeit ist die Optimierung der Konstruktion sowie der Entwicklung von Modellen zur Vorhersage von Zielgrößen wie Druckverlust und Trenngrenze in Abweiseradsichtern. Dafür ist ein tieferes Verständnis der strömungstechnischen Vorgänge in einem Sichter erforderlich.

Aufbau und Validierung eines numerischen Algorithmus zur Simulation der strömungstechnischen Vorgänge

Das erste Ziel ist deshalb die Entwicklung eines numerischen Algorithmus zur Beschreibung der strömungstechnischen Vorgänge in einem Abweiseradsichter. Die Klassierung der Partikel ist ein instationärer Prozess, bei dem Strömungswirbel, Feststoffbeladung und auch Partikel-Partikel-Interaktionen wirken. Gleichzeitig ist der Klassiervorgang ein Prozess, der aufgrund der immensen Anzahl an Partikeln sehr rechenintensiv ist und hohe Anforderungen an die Modellgüte stellt. Eine geschickte Auswahl von Randbedingungen und Annahmen zur Untersuchung einzelner Bereiche ist infolgedessen erforderlich. Zudem ist auch eine ausreichende Validierung der Berechnungsmethode notwendig. Um die Ergebnisse schließlich zu verifizieren, findet daher ein Vergleich zwischen experimentellen Daten von Versuchsanlagen und Literaturdaten statt.

Detaillierte Untersuchung der strömungstechnischen Vorgänge in Abweiseradsichtern

Nach dem Aufbau und der Validierung des numerischen Algorithmus steht eine ausführliche Analyse des Einflusses von Betriebsparametern wie der Sichtrad-Drehzahl, des Gas-Volumenstroms und der Feststoffbeladung sowie von geometrischen Eigenschaften wie der Baugröße oder -form des Sichters im Fokus. Generell erfolgt die Einteilung des Strömungsprofils in einem Abweiseradsichter in drei Zonen: den Bereich vor den rotierenden Schaufeln des Sichters, den Bereich zwischen den Schaufeln und den Bereich im Inneren des Sichters. Während die Klassierung der Partikel vorwiegend zwischen den Sichtradschaufeln erfolgt, resultiert der Druckverlust vor allem durch die abrupte Richtungsänderung der Strömung im Inneren des Sichters.

Optimierung der Geometrie eines Abweiseradsichters

Basierend auf den erzielten neuen Erkenntnissen erfolgt eine Optimierung der konstruktiven Ausführung des Sichters. Neben Fertigungsaufwand und Materialeinsparungsgründen ist vor allem die Senkung des Druckverlusts sowie die

Verbesserung der Trenngrenze das primäre Optimierungsziel. Um hohe Produktfeinheiten zu erreichen, ist eine hohe Drehzahl des Sichters erforderlich. Diese verändert das Strömungsprofil, weshalb eine Optimierung auch stets einen produktspezifischen Bezug beinhaltet. Zudem tritt bei einzelnen Anwendungen der Fish-Hook Effekt auf, der dadurch gekennzeichnet ist, dass vermehrt feine Partikel im Grobgut landen und damit die Ausbeute verringert wird.

Mathematische Modellierung des Druckverlusts und der Trenncharakteristik eines Abweiseradsichters

Abschließend werden zwei Ansätze zur Vorhersage der Trenncharakteristik und des Druckverlusts in Abweiseradsichtern beschrieben. Ziel der Modelle ist eine möglichst schnelle und präzise Bestimmung charakteristischer Kenngrößen in Abhängigkeit von geometrischen und betriebsbedingten Parametern. Aufgrund der komplexen Strömungsform in Abweiseradsichtern ist das Modell für den Druckverlust rein empirisch, während die Bestimmung der Trenncharakteristik anhand eines vereinfachten zweidimensionalen Ansatzes für den Bereich zwischen zwei Sichtradschaufeln geschieht.

2 Der Abweiseradsichter

Gegenstand der vorliegenden Arbeit ist die Untersuchung und Optimierung der strömungstechnischen Vorgänge in einem Abweiseradsichter. Aus diesem Grund ist im nachfolgenden Abschnitt die generelle Funktionsweise und der Aufbau verschiedener Bauarten beschrieben. Darüber hinaus erfolgt ein Einblick in die Bestimmung charakteristischer Kenngrößen, bevor eine Zusammenfassung bestehender Studien zum Strömungsprofils in Sichtern sowie Modellansätzen zur Berechnung der Trenncharakteristik den Abschluss des Kapitels bildet.

2.1 Aufbau und Funktionsweise von Abweiseradsichtern

Bei Abweiseradsichtern handelt es sich um kontinuierlich arbeitende Klassier- oder Trennapparate. Die feste disperse Phase wird dabei von einem Umgebungsmedium transportiert und in der Apparatur in zwei Fraktionen aufgeteilt. Zur Abtrennung werden eine Reihe von Kräften wie die Trägheits-, Widerstands- und Schwerkraft genutzt, die aufgrund von Partikelform und -größe unterschiedlich stark auf die Partikel wirken [2]. Gewöhnlich erfolgt dabei die Abtrennung von groben Partikeln aus dem Luftstrom, während feinere Partikel den Trennapparat mit der Luftströmung verlassen. Das Ziel ist es, alle Partikel kleiner als eine bestimmte Korngröße von den groben Partikelfraktionen abzutrennen. Definitionsgemäß wird der Partikelstrom mit den feinen Partikelfraktionen als Feingut bezeichnet, wohingegen die groben Partikelfraktionen als Grobgut und die aufgegebene Menge als Aufgabegut definiert sind.

Aufgrund unterschiedlicher Effekte wie Partikel-Partikel-Kollisionen befinden sich häufig Partikel einer Korngröße sowohl im Fein- als auch Grobgut. Dies ist ein Grund, warum in der Realität keine ideale Trennung möglich ist und die Bewertung der Trenneigenschaften eines Sichters hinsichtlich seiner Trenngrenze und Trennschärfe stattfindet [4]. Duhamel et al. [5] beschreibt die Entwicklung von Abweiseradsichtern über drei Generationen.

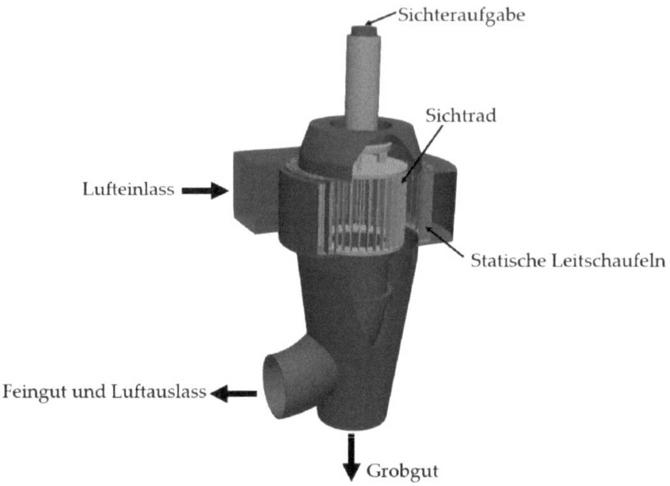

Abbildung 1: Schematische Darstellung eines Abweiseradsichters der dritten Generation.

Die erste und zweite Generation sind Zentrifugal- und Zyklonsichter. Die dritte Generation bildet der heutige dynamische Abweiseradsichter mit einem drehenden Rotor. Der Vorteil des heutigen Abweiseradsichters gegenüber seinen Vorgängern ist die Verwendung eines drehenden Sichtkorbs bzw. Sichtrads. Aufgrund der Rotation des Sichtrads sind größere und konstanter wirkende Trennbedingungen erreichbar, die zu einer verbesserten Trennschärfe und geringeren Trenngrenzen führt [6-7]. In Abbildung 1 ist schematisch der Aufbau einer solchen Apparatur dargestellt. In der Folge sind das theoretische Trennprinzip sowie die grundlegenden Bestandteile eines Sichters an diesem Beispiel ausführlich dargelegt.

Wie zu sehen ist, umfasst ein um das Sichtrad angelegtes Gehäuse mit einer Luftöffnung die Apparatur. Die Luft gelangt über einen tangentialen Einlass von außen in das System und strömt durch statische Leitschaufeln, die kreisförmig um das Sichtrad angeordnet sind, von außen nach innen. Die Absaugung der Luft erfolgt zentral im Inneren des Sichtrads nach unten. Die Materialaufgabe ist bei dieser Apparatur getrennt von der Luftaufgabe. Das Material wird über ein Fallrohr dem Streuteller zugeführt, der aufgrund seiner Rotation das Material nach außen trägt und zwischen den statischen Leitschaufeln und dem rotierenden Sichter aufgibt. Dort wird das Material von der Luft aufgegriffen und in Richtung Sichter transportiert. Feinere Partikel gelangen mit der Luft weiter ins Feingut, während grobe Partikel am Sichter abgewiesen werden und aufgrund der Schwerkraft nach unten ins Grobgut sedimentieren. Als theoretisches Trennprinzip dient ein Gleichgewicht zweier in radialer Richtung wirkender Kräfte. Dies ist zum einen die

Schlepp- oder Widerstandskraft F_W eines Partikels, die aufgrund der nach innen gerichteten Luftströmung entsteht, und zum anderen die Zentrifugalkraft F_Z, die aufgrund der Trägheit der Partikel bei tangentialen Geschwindigkeiten nach außen gerichtet ist. Die Zentrifugalkraft F_Z ist wie folgt definiert:

$$F_Z = m_P \cdot r \cdot \omega^2 = m_P \cdot \frac{{u_{\varphi,P}}^2}{r} . \tag{2.1}$$

Hier entspricht m_P der Masse eines Partikels, r dem Radius, ω der Winkelgeschwindigkeit und $u_{\varphi,P}$ der Umfangsgeschwindigkeit des Partikels. Die Winkelgeschwindigkeit ist dabei eine Funktion der Drehzahl des Sichters n und berechnet sich zu:

$$\omega = 2 \cdot \pi \cdot n . \tag{2.2}$$

Für die Widerstandskraft gilt folgender Zusammenhang:

$$F_W = c_w(Re_P) \cdot A_P \cdot \frac{\rho_F}{2} \cdot |u_{rel}| \cdot u_{rel} , \tag{2.3}$$

mit dem Widerstandsbeiwert $c_w(Re_P)$, der angeströmten Fläche eines Partikels A_P, der Dichte des Fluids ρ_F und der relativen Geschwindigkeit zwischen Fluid und Partikel u_{rel}. Mit der Annahme, dass die Form eines Partikels einer Kugel mit konstantem Durchmesser d_P entspricht, lassen sich oben genannte Terme weiter vereinfachen. Die Masse eines Partikels m_P ist abhängig von der Dichte des Partikels ρ_P und dem Volumen V_P und ergibt sich für ein Kugelvolumen zu:

$$m_P = \rho_P \cdot V_P = \rho_P \cdot \frac{\pi}{6} \cdot {d_P}^3 . \tag{2.4}$$

Die angeströmte Fläche entspricht einer Kreisfläche und demnach berechnet sich diese zu:

$$A_P = \frac{\pi}{4} \cdot {d_P}^2 . \tag{2.5}$$

Für die Berechnung des Widerstandsbeiwerts als Funktion der Partikel-Reynoldszahl liefert Kuerten et al. [8] einen Überblick über verschiedene Ansätze. Abbildung 2 beschreibt ebenfalls den Zusammenhang zwischen der Partikel-Reynoldszahl und dem Widerstandsbeiwert. Bei einer Fokussierung auf sehr kleine Partikel ist vor allem der Stokesbereich für eine Reynoldszahl < 0,25 interessant. Für diesen Fall berechnet sich der Widerstandsbeiwert als Funktion der Partikel-Reynoldszahl aus einem reziproken Zusammenhang zu:

$$c_w(Re_P) = \frac{24}{Re_P} . \tag{2.6}$$

Die Partikel-Reynoldszahl Re_P stellt ein Verhältnis von Trägheits- zu Reibungskraft dar [9] und berechnet sich unter Einbeziehung der dynamischen Viskosität des Fluids η_F zu:

$$Re_P = \frac{u_F \cdot \rho_F \cdot d_P}{\eta_F}. \tag{2.7}$$

Aus einem Kräftegleichgewicht aus Widerstandskraft und Zentrifugalkraft lässt sich die theoretische Trenngrenze $x_{t,th}$ berechnen. Fokussiert man sich auf sehr kleine Partikel, ist anzunehmen, dass Beschleunigungs- und Verzögerungsstrecken der Partikel sehr klein sind. Unter dieser Annahme entspricht die Relativgeschwindigkeit eines Partikels der radialen Geschwindigkeit der Luft. Diese ist abhängig vom Volumenstrom der Luft und der Baugröße des Sichters. Sie ergibt sich zu:

$$u_{rel} = u_{Rad} = \frac{\dot{V}_F}{2\pi \cdot r \cdot h}. \tag{2.8}$$

Hier ist r der Radius und h die Höhe des Sichters. Für die Umfangsgeschwindigkeit eines Partikels wird ebenfalls angenommen, dass sie der Umfangsgeschwindigkeit des Fluids entspricht. Da an der Außenkante des Sichters theoretisch die größten tangentialen Geschwindigkeiten vorliegen, berechnet sich die Umfangsgeschwindigkeit des Partikels zu:

$$u_{\varphi,P} = u_{\varphi,F} = 2 \cdot \pi \cdot n \cdot r\,. \tag{2.9}$$

Unter Berücksichtigung aller erwähnten Vereinfachungen ergibt sich die theoretische Trenngrenze $x_{t,th}$ für ein sphärisches Partikel zu:

$$x_{t,th} = \sqrt{\frac{18 \cdot \eta_F \cdot u_{rad} \cdot r}{\rho_P \cdot {u_{\varphi,F}}^2}}. \tag{2.10}$$

Die Gleichung zeigt, dass die tangentiale Geschwindigkeit einen umgekehrt proportionalen Zusammenhang und die radiale Geschwindigkeit einen proportionalen Zusammenhang zur Trenngrenze hat. Demnach führen hohe tangentiale Geschwindigkeiten und damit hohe Drehzahlen des Sichters sowie geringe radiale Geschwindigkeiten also kleine Volumenströme zu feineren Trenngrenzen. Zudem lässt sich durch eine Vergrößerung des Radius des Sichters die Trenngrenze reduzieren. In der Realität weichen die Trenngrenzen deutlich von theoretisch berechneten Werten ab. Dies ist auf Strömungs- und Feststoffschwankungen im Sichter sowie andere stochastische Einflüsse wie Agglomeration und unzureichende Dispergierung zurückzuführen. Um den Sichter im Hinblick auf die Trenngrenze und den Druckverlust zu optimieren, hat sich bei den Herstellern eine große Bandbreite an unterschiedlichen Bauformen von Abweiseradsichtern entwickelt, die im folgenden Kapitel genauer beschrieben werden.

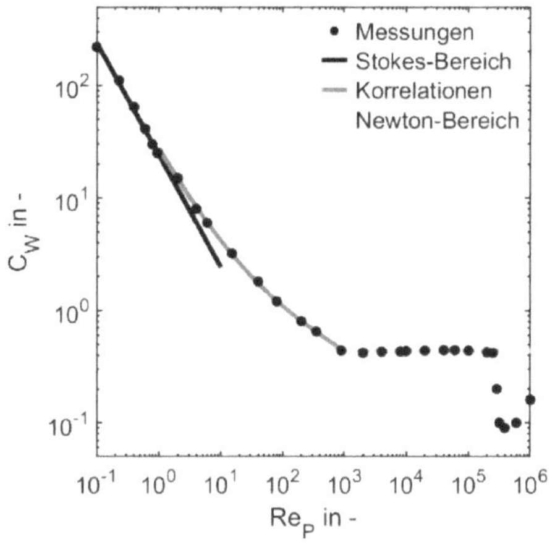

Abbildung 2: Widerstandsbeiwert für sphärische Partikel in Abhängigkeit der Partikel-Reynoldszahl [9].

2.2 Verschiedene Bauarten von Abweiseradsichtern

Sowohl in der Literatur als auch bei Herstellern findet sich eine große Bandbreite an Bauformen von Abweiseradsichtern. Dies ist auf die verschiedenen Anforderungsprofile im Hinblick auf den Durchsatz sowie der Produkteigenschaften wie beispielsweise die Feinheit zurückzuführen. Des Weiteren spielt aber auch die Lagerung der Sichterwelle oder der einfachere Ausgleich von dynamischen Unwuchten eine Rolle, da die mechanische Belastung eines Sichtrads vor allem aufgrund des Ziels von immer feineren Produkten bei steigenden Durchsätzen durch immer größere Drehzahlen zunimmt. Horizontale Sichter ermöglichen verbesserte und verstärkte Lagerungen als vertikal angeordnete Sichträder. Zusätzlich unterscheiden sich Sichter bei dem Ein- und Austrag von Material und Luftströmen, aber auch die Integration des Sichters in den Gesamtprozess einer Anlage spielt eine Rolle. In vertikalen Walzenschüsselmühlen sind beispielweise Zerkleinerung und Klassierung in einer Apparatur integriert.

Das zerkleinerte Aufgabegut gelangt direkt zum Sichter, wo die Abtrennung der groben Partikelfraktionen stattfindet. Im Anschluss wird die grobe Partikelfraktion wieder dem Mahlprozess zugeführt. Weitere bautechnische Unterschiede sind der Einsatz von statischen Leitschaufeln zur Ausrichtung der Strömung vor dem Sichter oder die Anzahl, die Form und der Anstellwinkel der Sichtradschaufeln. Abbildung 3 zeigt zwei Bauarten, die zwar dem gleichen Trennprinzip unterliegen, sich aber im Hinblick der Strömungsführung unterscheiden.

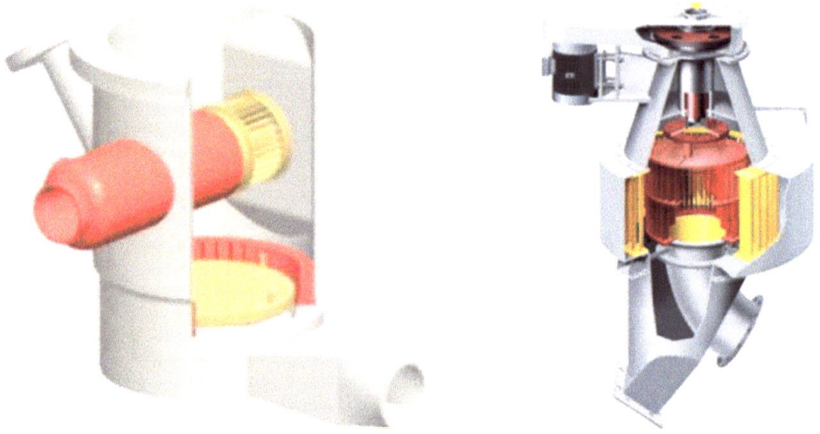

Abbildung 3: Schematische Darstellung unterschiedlicher Sichtertypen: Horizontaler Sichter der Fa. Hosokawa Alpine GmbH mit integriertem Mahlprozess [10] (links) und vertikaler Sichter mit statischen Leitschaufeln der Fa. Gebr. Pfeiffer SE (rechts).

Dies verdeutlicht, die Vielseitigkeit von Sichtern, was bei der Modellierung des Trennprozesses zu beachten ist. Ein universell gültiges Modell zur Vorhersage der Trenncharakteristik eines Sichters muss deshalb auch stets geometrische Eigenschaften berücksichtigen. Auch hier bietet die numerische Strömungssimulation Vorteile, da Änderungen an der Geometrie bei der Optimierung eines Sichters deutlich kostengünstiger und schneller vorgenommen werden können.

2.3 Charakterisierung von Trennprozessen

Die Charakterisierung und Bewertung des Trennprozesses ist für einen Vergleich unterschiedlicher Abweiseradsichter essentiell. Hierbei kennzeichnen Kenngrößen wie die Trenngrenze und die Trennschärfe die Trenneigenschaften, deren Berechnung in der Folge erläutert wird. Zur Bestimmung der Kenngrößen stehen in der Regel das Aufgabegut, das Grobgut und das Feingut zur Verfügung. In Abbildung 4 ist die Bilanzierung der Massenströme bei einem Trennprozess im Sichter dargestellt. Die aufgegebene Masse des Aufgabeguts m_A teilt sich demnach auf den Massenstrom des Feinguts m_F und des Grobguts m_G auf. Wichtige Kenngrößen sind der Grobgutmassenanteil g sowie der Feingutmassenanteil f, aus denen mit Multiplikation der Aufgabemenge die Ausbeute berechnet wird.

Per Definition ergeben sich die Anteile aus den Massenströmen wie folgt:

$$g = \frac{m_g}{m_A}\,. \qquad (2.11)$$

$$f = \frac{m_f}{m_A}\,. \qquad (2.12)$$

Die Addition der beiden Terme hat aufgrund der Erhaltung der Masse stets den Wert 1.

Eine weitere wichtige Kenngröße zur Bewertung der Trenncharakteristik eines Sichters ist die Trennfunktion. Die Trennfunktion, auch Trompkurve, Trenngradkurve oder Fraktionsabscheidegrad genannt, charakterisiert die Güte einer Klassierung im Hinblick auf die Partikelgröße. Die Trennfunktion berechnet sich aus dem Verhältnis von abgewiesenem Mengenanteil jeder Partikelgrößenklasse zum Mengenanteil des Aufgabeguts wie folgt:

$$T(x) = g \cdot \frac{q_G(x)}{q_A(x)}\,. \qquad (2.13)$$

Gewöhnlich wird die Partikelgrößenverteilung als Dichtefunktion verwendet. In Abbildung 5 ist der ideale und reale Verlauf typischer Trennfunktionen für Abweiseradsichter dargestellt. Bei einer idealen Trennung sind alle Partikel kleiner einer definierten Partikelgröße x_{50} im Feingut, alle Partikel größer gleich dieser Partikelgröße im Grobgut. Aufgrund stochastischer Effekte wie beispielweise Partikel-Partikel-Stößen ist eine ideale Trennung nie erreichbar, weshalb erfahrungsgemäß in der Realität ein S-förmiger Kurvenverlauf zu beobachten ist. Eine wichtige Kenngröße zur Bewertung der Trenncharakteristik ist die Trennkorngrenze x_{50}, die angibt bei welcher Partikelgröße jeweils 50 % im Fein- und Grobgut vorliegen.

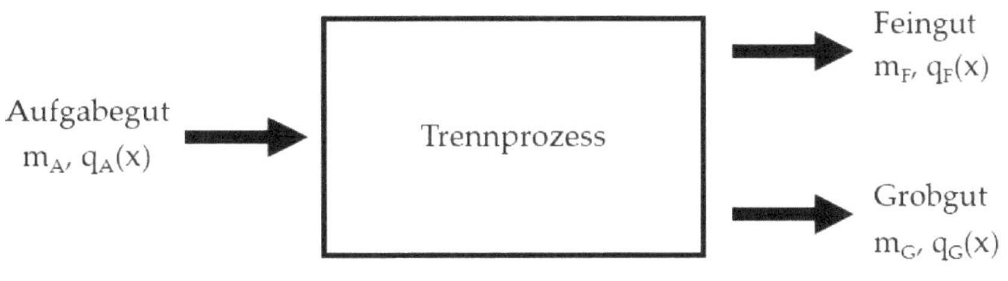

Abbildung 4: Bilanzierung der Massenströme eines Sichters, bestehend aus Aufgabegut, Feingut und Grobgut.

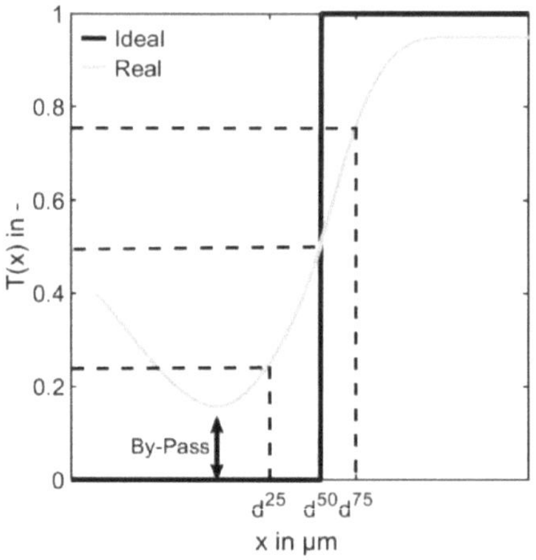

Abbildung 5: Exemplarischer Kurvenverlauf der Trennfunktion bei einer idealen und realen Trennung.

Die Trennschärfe κ ist ein Maß für die Steilheit der Trennfunktion und berechnet sich zu:

$$\kappa = \frac{x_{25}}{x_{75}} . \tag{2.14}$$

Bei einer idealen Trennung hat die Trennschärfe den Wert 1, bei realen Trennungen ist der Wert stets kleiner 1. In der Fachliteratur finden sich bei technischen Anwendungen Werte zwischen 0,3 und 0,6 [11]. Zusätzlich treten in einigen Anwendungen Phänomene auf, die einen idealen Kurvenverlauf im Sichter verhindern. Eine mögliche Ursache ist der Fish-Hook Effekt, der seinen Namen dem typischen Kurvenverlauf verdankt.

Der Fish-Hook Effekt resultiert aus der vermehrten Ansammlung von sehr kleinen Partikeln im Grobgut, was zu einem Anstieg der Trennfunktion für diese Partikelgrößen führt. Die Bewertung des Fish-Hook Effekts erfolgt meistens anhand des Bypass, der den Anteil an feinen Partikeln im Grobgut charakterisiert. Eine weitere Ursache ist das Auftreten von Spritzkorn. Spritzkorn bedeutet, dass sich für keine Partikelgröße eine Trennfunktion von 1 einstellt. Mögliche Gründe für das Auftreten von Spritzkorn sind auf eine schlechte Materialführung im Sichter zurückzuführen, bei der ein Teil des Partikelstroms den Sichter ohne Klassierung durchströmt. Des Weiteren können aber auch Agglomerations– oder Zerkleinerungsvorgänge im Sichter dafür sorgen, dass das Aufgabegut nicht der Summe von Fein- und Grobgut für jeden Partikelgrößenbereich entspricht. Abschließend sei auch auf mögliche Fehlerursachen bei der Bestimmung von Trennfunktionen verwiesen, die den Kurvenverlauf prägen können [12, 13].

Ist der Sichter in einen kontinuierlichen Zerkleinerungsprozess integriert, ist es möglich, dass keine Messmöglichkeit des Aufgabeguts oder Grobguts besteht. Dann steht für eine Bewertung der Trenncharakteristik ausschließlich das Feingut zur Verfügung. In diesem Fall stehen zwei mögliche Kenngrößen im Vordergrund, die eine Aussage über die Feinheit des Feinguts erlauben.

Erstens ist dies die Angabe des Durchgangs- oder Rückstandswertes einer festgelegten Partikelgröße. Exemplarisch ist dieser Umstand in Abbildung 6 anhand der Summengrößenverteilung $Q_3(x)$ eines Feinguts bei einem Durchgangswert von 50 µm skizziert. Demnach sind 78 % der Partikel kleiner als 50 µm. Zweitens hat sich vor allem der Blaine-Wert in der Zementindustrie zur Bewertung der Feinheit eines Produkts manifestiert. Das Messverfahren des Blaine-Werts beruht darauf, dass Luft, die durch ein Pulver gedrückt wird, einen Widerstand überwinden muss. Dieser Widerstand ist umso größer, je feiner das Pulver ist. Der Blaine-Wert ist ein standardisiertes Maß und wird als spezifischen Oberfläche cm^2/g angegeben. Der berechnete Wert entspricht aber nicht der wahren Oberfläche der Pulverkörner, sondern liefert eher Vergleichswerte [14].

2.4 Bestimmung der Partikelgrößenverteilung

Zur Bestimmung der Trenncharakteristik eines Sichters ist es erforderlich, die Mengenverhältnisse und Partikelgrößenverteilungen der einzelnen Fraktionen zu erfassen. Dazu existieren eine große Reihe an unterschiedlichen Analysemethoden.

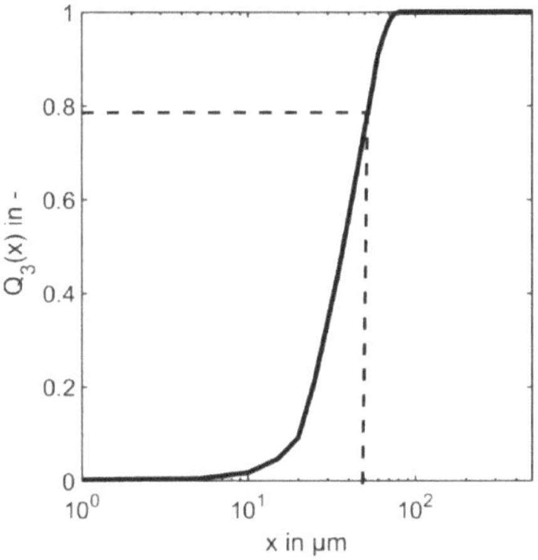

Abbildung 6: Summengrößenverteilung eines Feinguts sowie Durchgangswert bei 50 µm.

In dieser Arbeit findet die Siebanalyse und die Lasergranulometrie Anwendung. Die klassische Siebanalyse ist immer noch die häufigste Methode zur Partikelmessung. Mehrere Analysesiebe mit aufsteigender Maschenweite werden dabei übereinandergestapelt und die Probe wird auf das oberste Sieb aufgegeben. Versetzt man den Siebturm in Schwingung, führt diese Bewegung zu einer Verteilung der Partikel gemäß ihrer Größe auf die einzelnen Fraktionen. Dabei bewirken die Schwingungen des Siebs, dass alle Partikel die Möglichkeiten erhalten, durch die Siebmasche zu gelangen. Eine Siebung findet demnach so lange statt, bis sich die Masse der einzelnen Fraktionen nicht mehr ändert. Allerdings berücksichtigt die Siebanalyse keine Vorzugsrichtung der Partikel, weshalb es eher die Partikelbreite und nicht die Größe bestimmt. Anhand der Menge der einzelnen Fraktionen ist im Anschluss eine Bestimmung der massenbezogenen Verteilung möglich. Aufgrund der geringen Anzahl der Siebböden besteht die Partikelverteilung zumeist nur aus wenigen Datenpunkten und ist zusätzlich nicht automatisierbar und damit sehr zeitaufwändig. Zusätzlich kann es durch Fertigungstoleranzen zu Abweichungen in der Maschenweite kommen.

Die Lasergranulometrie bezeichnet die Messung der Partikelverteilung mit Hilfe von Ablenkungen oder Beugungen eines Lichtstrahls. Als Lichtstrahl dient ein Laserstrahl. Der Laserstrahl wechselwirkt mit dem bestrahlten Partikel und es ergeben sich für das Partikel charakteristische Beugungsmuster. Die Intensität des gestreuten Lichts wird während der Bestrahlung in einem Winkelbereich gemessen. Zur Einstellung der richtigen Konzentration und eines geeigneten Dispergierungszustands ist eine Vordispergierung erforderlich. Basierend auf Streuwinkel und Intensitäten lässt sich im Anschluss die Partikelgrößenverteilung errechnen. Das Messverfahren zeichnet sich durch seine kurzen Messzeiten, seiner Vielseitigkeit und den großen Messbereich aus. Weiterführende Literatur zu den Vor- und Nachteilen sowie genaueren Vorgehensweise der beiden Messmethoden findet sich unter [15-18].

2.5 Forschungsstand

Der nachfolgende Abschnitt gibt einen Überblick über den bisherigen Kenntnisstand zum Strömungsprofil in Sichtern sowie zu Optimierungsansätzen. Generelle Erkenntnisse zum Strömungsprofil und der Bewegung der Partikel liefern optische Hilfsmittel wie die Laser-Doppler-Anemometer (LDA) und die Particle Image Velocimetry (PIV). Die numerische Strömungssimulation (CFD) hat die Erkenntnisse aus den optischen Untersuchungen bestätigt und dient in der Literatur vorwiegend als Optimierungswerkzeug, um Geometrievariationen zu untersuchen. Abschließend erfolgt ein Einblick über bisherige Modelle zur Vorhersage der Trenncharakteristik in Abweiseradsichtern.

2.5.1 Generelles Verständnis der strömungstechnischen Vorgänge in Abweiseradsichtern

Zu Beginn fokussierten sich die Untersuchungen zum Strömungsprofil in Abweiseradsichtern vorwiegend auf den Bereich zwischen den rotierenden Schaufeln eines Sichters, da in dieser Zone die Abtrennung oder Klassierung der groben Partikel vom Fluid vermutet wird. Die erste Darstellung eines Strömungsprofils in dieser Zone lieferte die Arbeit von Legenhausen [4], der einen mit Wasser durchströmten Modellsichter untersucht hat, bei dem mittels LDA die Fluidgeschwindigkeiten aufgezeichnet wurden. Die Darstellung seiner Ergebnisse findet sich in Abbildung 7. Das Sichtrad dreht sich dabei im Uhrzeigersinn. Es zeigt sich die Ausbildung eines Wirbels zwischen den Sichtradschaufeln, der von dem Verhältnis von Fluid-Umfangsgeschwindigkeit $v_{\varphi,Fl}$ zur Sichtradumfangsgeschwindigkeit $v_{\varphi,R}$ abhängig ist. Demnach tritt bei einem Verhältnis der Fluid-Umfangsgeschwindigkeit zur Sichtradumfangsgeschwindigkeit größer 1 ein Ablösegebiet an der vorauseilenden Schaufel auf, während bei einem Verhältnis kleiner 1 das Ablösegebiet an der nacheilenden Schaufel gebildet wird. Optimale Strömungsbedingungen liegen demnach bei gleichen Umfangsgeschwindigkeiten von Sichtrad und Fluid bei Eintritt der Strömung zwischen den Sichtradschaufeln vor.

Das Ablösegebiet verursacht Rückströmungen zwischen den Sichtradschaufeln und eine Einschnürung des radialen Luftstroms nach innen. Dadurch ist mit höheren radialen Geschwindigkeiten nach innen zu rechnen, wodurch sich nach Formel 2.10 eine gröbere Trenngrenze ergibt. Zusätzlich ging Legenhausen davon aus, dass eine Abtrennung der groben Partikel am Außenradius des Sichters stattfindet und der innere schaufelfreie Bereich des Sichtrads ausschließlich für einen schnellen Abtransport des feinen Materials wichtig sei. Deshalb schlägt er vor, im Kern des Sichters eine erzwungene Wirbelsenkenströmung anzustreben.

Toneva [19] beobachtete die Gasströmung in einem Abweiseradsichter mit der PIV experimentell und simulierte erstmals das Strömungsprofil mit Hilfe der CFD. Der Vergleich von Experiment und Simulation zeigt bei geringen Feststoffbeladungen eine gute Übereinstimmung. Die von Legenhausen [4] entdeckte Wirbelbildung zwischen zwei Sichtradschaufeln, die zu einer Einschnürung der radialen Strömung nach innen führt, zeigt sich sowohl in den experimentellen Untersuchungen als auch in den Simulationen. Zusätzlich beschreibt Toneva das Strömungsprofil im schaufelfreien inneren Bereich des Sichters ausführlicher und unterteilt den charakteristischen Strömungsverlauf eines Abweiseradsichters in drei Bereiche. In Abbildung 8 ist die charakteristische Strömung eines Abweiseradsichter und die Einteilung der drei Bereiche dargestellt.

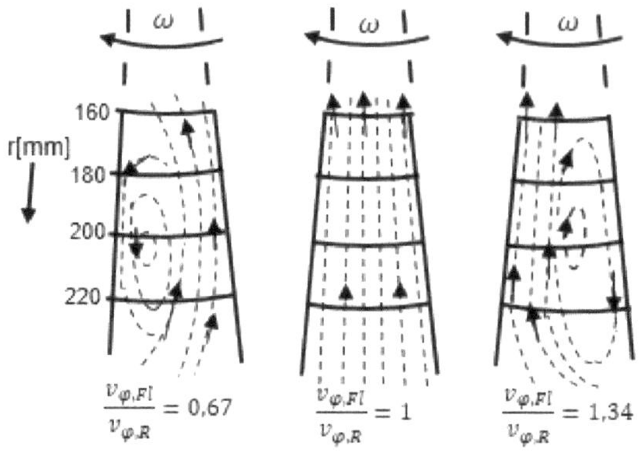

Abbildung 7: Strömungsverhältnisse zwischen zwei Sichtradschaufeln nach Legenhausen [4].

Die erste Zone stellt den Bereich zwischen den Sichtradschaufeln mit Wirbelbildung und Rückströmung dar. Die anderen beiden Bereiche liegen im schaufelfreien inneren Bereich. Der zweite Bereich schließt direkt an die Innenkante der Sichtradschaufeln an und verläuft bis zu einem dimensionslosen Radius von etwa 0,22. Hier zeigt sich die Ausbildung eines freien Wirbels, bei dem die Geschwindigkeit mit abnehmendem Radius ansteigt. Laut Toneva erreichen die Partikel in diesem Bereich eine Bahn, auf der ein Gleichgewicht zwischen der Zentrifugal- und der Widerstandskraft herrscht und verweilen auf gleichbleibendem Radius. In der Kernzone, Bereich drei, fällt die Geschwindigkeit mit abnehmendem Radius aufgrund zunehmender Reibung analog zur Starrkörperrotation ab. Die maximale Geschwindigkeit im Inneren des Sichters, die den Übergang von Bereich zwei und drei bestimmt, ist stark abhängig von den Betriebsbedingungen wie Volumenstrom und Drehzahl.

Auch geometrische Einflüsse wie der Durchmesser der Absaugöffnung beeinflussen die Geschwindigkeit im Inneren. Die maximale Luftgeschwindigkeit übersteigt die Umfangsgeschwindigkeit des Sichtrads deutlich und liegt im Beispiel von Toneva innerhalb des Durchmessers der Absaugöffnung.

Aufbauend auf den Ergebnissen der Einphasenströmung fokussierte sich Toneva et al. [20] in der Folge mehr auf die Partikelbewegung. Der Einfluss von Partikel-Partikel-Wechselwirkungen und der Einfluss der dispersen Phase auf die Strömung ist in den Simulationen jedoch vernachlässigt. Die Schlussfolgerungen beziehen sich ausschließlich auf einzelne Partikelbahnen.

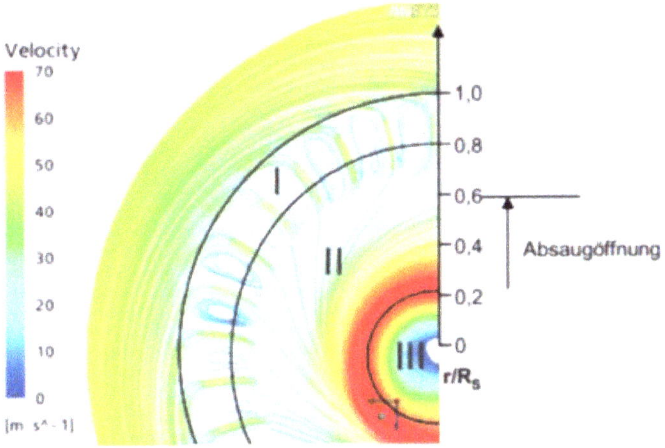

Abbildung 8: Charakteristische Strömungsbereiche im Sichtrad nach Toneva [19].

So vermutete Toneva erstens, dass Partikel häufig mit den Sichtradschaufeln kollidieren, zweitens, dass die Anzahl der Stöße bei feineren Partikeln größer ist, drittens, dass ein Großteil der Partikel nicht ins Zentrum des Sichtrads gelangt und viertens, dass es deshalb zu einer Anreicherung von abgewiesenem Material in der Nähe der Sichtradschaufeln kommt und die Verweilzeiten im Sichter erhöht sind. Dadurch ist auch die Wahrscheinlichkeit von Partikel-Partikel-Stößen deutlich erhöht, was zu einer Verschlechterung der Trennschärfe führt und bei der Simulation der Partikelbewegung in Betracht gezogen werden sollte. Auch wenn Toneva et al. [20] die Fluidströmung mit Tracerpartikeln und der PIV untersuchte, so gelang es ihr nicht, den realen Trennprozess zwischen zwei Sichtradschaufeln visuell zu beobachten, da dieser Bereich des Sichters der Kamera nicht zugänglich war. Erst Stender et al. [21] vollbrachte die Visualisierung des realen Trennprozesses durch die optische Zugänglichkeit für eine Hochgeschwindigkeitskamera. Er zeichnete die Bewegung von Tracerpartikeln zwischen den Sichtradschaufeln auf und zog anhand der Partikelbewegung wiederrum Rückschlüsse auf die Stromlinien der Gasströmung. Versuche mit unterschiedlichen Sichtraddrehzahlen, die in Abbildung 9 dargestellt sind, zeigen, dass die von Legenhausen [4] erstmals beobachtete und von Toneva [19] nachgewiesene Wirbelbildung auch hier erst ab einer bestimmten Drehzahl einsetzt und der Wirbel mit Erhöhung der Drehzahl immer weiter anwächst. Bei der höchsten eingestellten Drehzahl von 15000 min^{-1} ist demnach nur ein schmaler Bereich zwischen den Sichtradschaufeln für den radialen Lufttransport zuständig. Der Abgleich einer Bildabfolge in kurzer Zeit erlaubt die Analyse der Partikelbewegung zwischen zwei Sichtradschaufeln.

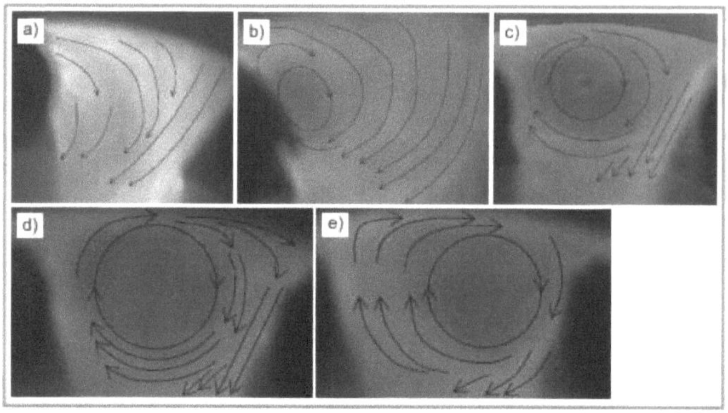

Abbildung 9: Visualisierung der Gasströmung zwischen den Sichtradschaufeln bei unterschiedlichen Drehzahlen. Das Sichtrad dreht gegen den Uhrzeigersinn. (a) 3000 min^{-1}, b) 6000 min^{-1}, c) 9000 min^{-1}, d) 12000 min^{-1}, e) 15000 min^{-1}, [21].

Der Abgleich einer Bildabfolge in kurzer Zeit erlaubt die Analyse der Partikelbewegung zwischen zwei Sichtradschaufeln. Allerdings ist bei der Bewertung der Bilder zu beachten, dass ausschließlich größere Partikel genügend Licht streuen und somit detektierbar sind. Zusätzlich muss erwähnt werden, dass beim untersuchten Bautyp das Sichtrad mit einer deutlich größeren Umfangsgeschwindigkeit als die eintretenden Partikel rotiert. Dies ist darauf zurückzuführen, dass die Partikelaufgabe in unmittelbarer Nähe des Sichtrads erfolgt und die Partikel deshalb nicht bereits tangential vorbeschleunigt sind. In Abbildung 10 ist die Partikelbewegung zwischen den Sichtradschaufeln für unterschiedliche Drehzahlen charakterisiert. Der Sichter dreht in der Darstellung gegen den Uhrzeigersinn. Aufgrund der im Vergleich geringeren tangentialen Geschwindigkeit bewegen sich die Partikel nach Eintritt zwischen die Sichtradschaufeln zu der nacheilenden Schaufel. Je höher die Drehzahl des Sichtrads ist, desto steiler ist dabei der Eintrittswinkel der Partikel und desto weiter außen erfolgt der Stoß mit der nacheilenden Schaufel des Sichterrads.

Zusätzlich fällt auf, dass Partikel nach dem Stoß mit der nacheilenden Schaufel mit reduzierter Geschwindigkeit in eine beliebige Richtung abprallen. Stender et al. [21] vermuten, dass dies auf die unregelmäßige Form der Partikel zurückzuführen ist. Des Weiteren stellten sie fest, dass die Partikel erst nach dem Stoß auf die tangentiale Umfangsgeschwindigkeit des Sichtrads beschleunigt werden und dass es zu einer Zunahme der Partikelkonzentration an der nacheilenden Schaufel kommt. Die Erhöhung der Partikelkonzentration führt dazu, dass sich die Partikel zunehmend als Kollektiv bewegen und dass der Stoß eines Partikels mit der nacheilenden Schaufel auch stark von Partikel-Partikel-Wechselwirkungen mit abprallenden Partikeln abhängig ist.

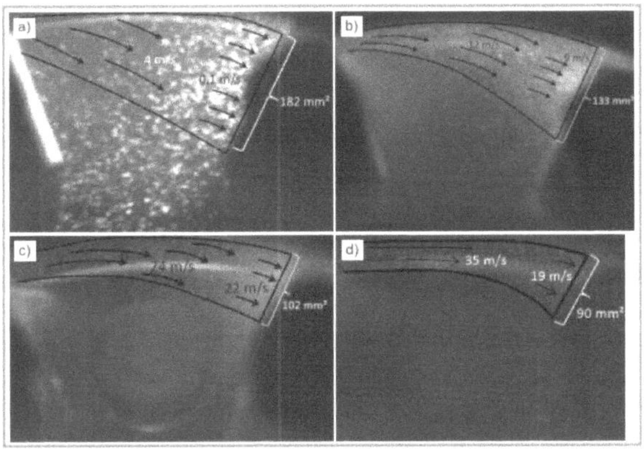

Abbildung 10: Partikelbewegung zwischen zwei Sichtradschaufeln für verschiedene Sichtraddrehzahlen. Das Sichtrad dreht gegen den Uhrzeigersinn. a) 3000 min^{-1}, b) 6000 min^{-1}, c) 9000 min^{-1}, d) 12000 min^{-1}, [21].

Demnach schwächt der sich an der nacheilenden Schaufel des Sichters aufbauende Partikelschleier den Stoß von Partikeln mit der nacheilenden Schaufel stark ab, wodurch eine reduzierte Abprallhöhe resultiert. Eine experimentelle Bestimmung eines Restitutionskoeffizienten, basierend auf der Interaktion eines Partikels mit einem drehenden Bauteil, ist deshalb nicht direkt auf die Realität übertragbar, da die Partikel eher mit anderen Partikeln kollidieren als mit der Schaufel. Zur Visualisierung der Partikelbewegung außerhalb oder innerhalb der zwei Sichtradschaufeln liegen bisher nur sehr wenige Arbeiten vor. Ausschließlich Spötter et al. [22], die den Versuchsstand von Stender et al. [21] weiterentwickelten, zeigten in ihrer Arbeit die Peripherie des Sichters während des Betriebs. Abbildung 11 zeigt, dass sich im Außenbereich des Sichters eine bogenförmige Partikelsträhne bildet. Die Partikelsträhne scheint sich aus am Sichtrad abgewiesenen Partikelgut zu bilden. Anhand der Richtung ist zu erkennen, dass sich die Partikelsträhne langsamer als das drehende Sichtrad auf einer Kreisbahn fortbewegt und an der nacheilenden Schaufel entsteht. Bereits Toneva [20] und andere Forscher wie Barimani [24] hatten diese Anreicherung von abgewiesenem Material in der Nähe der Sichtradschaufeln vermutet. Eine erhöhte Feststoffkonzentration kann den Transport von frischem Partikelgut nach innen behindern. Eine Berücksichtigung von Partikel-Partikel-Wechselwirkungen ist demnach bei einer numerischen Beschreibung der strömungstechnischen Vorgänge in einem Abweiseradsichter empfehlenswert. Speziell in der Peripherie des Sichtrads als auch im Bereich zwischen den Sichtradschaufeln ist mit einer erhöhten Feststoffbeladung trotz vermeintlich geringer Aufgabebeladungen zu rechnen.

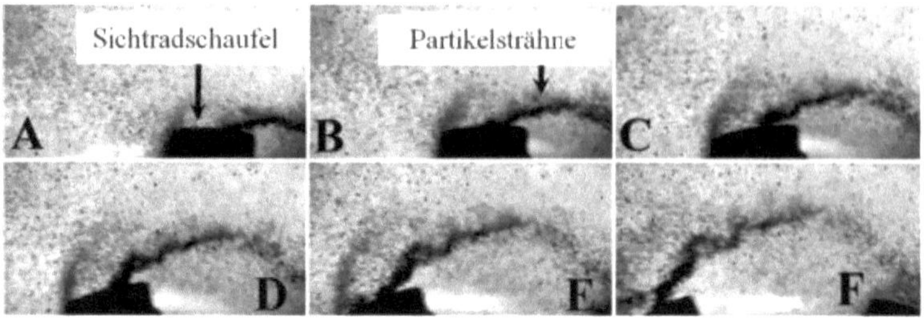

Abbildung 11: Ausbildung einer Partikelsträhne im Außenbereich zweier Sichtradschaufeln [23].

2.5.2 Numerische Studien zur Optimierung der Geometrie eines Abweiseradsichters

Mithilfe von optischen Analysemethoden wie der PIV und LDA sind grundlegende Erkenntnisse zu den strömungstechnischen Vorgängen in Abweiseradsichtern gelungen. Allerdings stößt dieses Werkzeug als Möglichkeit zur Optimierung der Geometrie eines Abweiseradsichters an seine Grenzen. Dies liegt erstens daran, dass die visuelle Beobachtung sehr aufwendig ist und passende Hardware erfordert. Zweitens ist der Einsatz nicht bei jeder Geometrie möglich oder einzelne Bereiche sind optisch nicht zugängig. So ist es beispielsweise schwierig, axiale Unterschiede des Strömungsprofils im Sichter zu messen, da die Kamera in der Regel nur aus einer Position aufnimmt. Zudem ist es sehr kostenintensiv, jede geometrische Änderung in der Realität konstruktiv vorzunehmen, speziell bei größeren Sichträdern. Auch deshalb hat sich die numerische Strömungssimulation zur Optimierung von Sichtern mittlerweile durchgesetzt.

Tabelle 1 liefert einen Überblick über durchgeführte numerische Untersuchungen von Abweiseradsichtern. Die Tabelle vermittelt einen Überblick über die bisher untersuchten Interessenfelder sowie die verwendete Methodik. Deshalb sind die Studien in die fünf folgenden Bereiche gegliedert: Ziel der Studie, Sichtertyp bzw. Lagerungsart, Größe des Außendurchmessers und Berücksichtigung der dispersen Phase. Bei detaillierter Betrachtung fällt auf, dass ein Großteil der Arbeiten sich auf das Strömungsprofil fokussiert [27, 30, 31, 33, 35]. Dabei stand vorwiegend der Einfluss verschiedener Sichtradschaufeln im Vordergrund, da in dieser Zone die Abtrennung der groben Partikel von der Luft erfolgt. Vereinzelte Studien konzentrieren sich auch auf die Auswirkungen der statischen Leitschaufeln im Einlassbereich [25, 29] oder den Auslass des Sichters [32, 37]. Das Ziel geometrischer Änderungen im Ein– und Auslass war die Homogenisierung des Strömungsprofils. Zusätzlich haben sich weitere Forscher mit den Auswirkungen von horizontalen Sichträdern beschäftigt [37, 39].

Die durchgeführten Studien beziehen sich vorwiegend auf Sichter mit geringen Außendurchmessern. Nur vereinzelte Arbeiten betrachten Sichter mit einem Durchmesser größer 0,5 m. Dies ist darauf zurückzuführen, dass zum einen der Rechenaufwand bei größerem Sichter steigt, zum anderen sind auch die experimentellen Versuche zur Validierung numerischer Ergebnisse deutlich aufwendiger.

Eine vollständige Beschreibung von Partikel-Partikel-Interaktionen ist in der numerischen Simulation anspruchsvoll. Hier steigt der Zeitaufwand mit steigender Partikelanzahl aufgrund von zunehmender Stoßhäufigkeit an. Für sehr kleine Sichter ist die Anzahl der Partikel im oberen Milliardenbereich, weshalb in den meisten Studien ausschließlich eine Ein-Wege-Kopplung oder Zwei-Wege-Kopplung zum Einsatz kommt. Unter der Ein-Wege-Kopplung versteht man, dass ausschließlich das Fluid auf die Partikel Einfluss nimmt, während die Partikel die Strömung nicht beeinflussen. Berücksichtigt man auch die Wirkung der Feststoffphase auf die Strömung, so wird von einer Zwei-Wege-Kopplung gesprochen. Die Interaktionen von Partikeln untereinander, die einer Vier-Wege-Kopplung entspricht, findet in fast allen Studien aufgrund der Rechenzeit keine Anwendung. Lediglich Spötter et al. [40] untersuchten mit Hilfe von DEM Simulationen den Bereich zwischen zwei Sichtradschaufeln in einem vereinfachten zweidimensionalen Fall. Die meisten Forscher begründen die Vernachlässigung von Partikel-Partikel-Stoßvorgängen damit, dass nur geringe Aufgabebeladung im Sichter vorliegen oder der Einfluss von Partikel-Partikel-Interaktionen auf die Partikelbewegung und damit das Trennergebnis gering ist. Diese Annahme scheint auf den ersten Blick gerechtfertigt zu sein, da in der Regel eine gute Übereinstimmung zwischen experimentellen und numerischen Trennfunktionen erreichbar ist. Das kann aber auch an der Fokussierung auf geringe Aufgabebeladung in vielen Studien liegen. In der Praxis ist durchaus mit höheren Beladungen zu rechnen. Des Weiteren ist aus der Literatur bekannt, dass einige Sichter einen stärkeren Einfluss der Feststoffbeladung auf das Trennergebnis aufweisen [41], während bei anderen Anwendungen die Beladung nur einen geringen Einfluss auf die Trenngrenze und die Trennschärfe hat [38]. Mögliche Gründe dafür sind neben unterschiedlichen Betriebsbedingungen auch konstruktive Unterschiede der untersuchten Sichter. So ist davon auszugehen, dass beispielsweise auch der Aufgabeort des Materials einen starken Einfluss auf die Auswirkungen der Feststoffbeladung hat. Eine Aufgabe der Partikel in weiter Entfernung zum Sichtrad führt dazu, dass Partikel bereits vorbeschleunigt zum Sichtrad gelangen können, wenn keine Beeinflussung durch eine aus abgewiesenem Material aufgebaute Partikelwolke vor dem Sichtrad stattfindet.

Tabelle 1: Überblick über numerische Studien zu den strömungstechnischen Vorgängen in Abweiseradsichtern

Autor der Studie	Ziel der Studie	Sichtertyp	Durchmesser Sichtrad	Berücksichtigung der dispersen Phase
Yuan, Y., Wenjing, R., Jiaxiang, L. [25]	Gehäuseänderung zur Homogenisierung der Anströmung des Sichters	Vertikaler Sichter	0,142 m	Ein-Wege-Kopplung
Zeng, Y., Zhang, S., Zhou, Y., Li, M. [26]	Einfluss von Drehzahl und Volumenstrom auf das Strömungsprofil, Einfluss verschiedener Materialien auf die Trenngrenze	Vertikaler Sichter	0,69 m	Ein-Wege-Kopplung
Ren, W., Liu, J., Yu, Y. [27]	Modifizierung der Sichtradschaufeln	Vertikaler Sichter	0,105 m	Keine Partikelsimulation
Gao, L. Yu, Y., Liu, J. [28]	Strömungsprofil im Sichter	Vertikaler Sichter	0,105 m	Keine Partikelsimulation
Huang, Q., Liu, J., Yu, Y. [29]	Verschiedene Anstellungswinkel der statischen Leitschaufeln	Vertikaler Sichter	0,27 m	Keine Partikelsimulation
Liu, R., Liu, J., Yu, Y. [30]	Modifizierung der Sichtradschaufeln	Vertikaler Sichter	0,136 m	Zwei-Wege-Kopplung
Guizani, R., Mokni, I., Mhiri, H., Bournot, P. [31]	Strömungsprofil und Partikelbewegung im Sichter	Vertikaler Sichter	2,74 m	Zwei-Wege-Kopplung
Guizani, R., Mhiri, H., Bournot, P. [32]	Modifizierung des Sichterauslass	Vertikaler Sichter	2,1 m	Zwei-Wege-Kopplung
Jia, F., Mou, X., Fang, Y., Chen C. [33]	Modifizierung des Sichtrads	Vertikaler Sichter	0,275 m	Ein-Wege-Kopplung
Streicher, C., Flachberger, H. [34]	Modifizierung der Sichtradschaufeln	Vertikaler Sichter	2,95 m	Zwei-Wege-Kopplung

Eswairarah, C., Angadi, S. I., Mishra, B. K. [35]	Modifizierung der Sichtradschaufeln	Vertikaler Sichter	0,51 m	Ein-Wege-Kopplung
Kaczynski, J., Kraft, M. [36]	Strömungsprofil und Partikelbewegung im Sichter	Vertikaler Sichter	-	Zwei-Wege-Kopplung
Sun, Z., Sun, G., Liu, J., Yang, X. [37]	Modifizierung des Sichterauslass	Horizon-taler Sichter	0,095 m	Ein-Wege-Kopplung
Adamcik, M. [38]	Einfluss von Drehzahl und Volumenstrom auf das Strömungsprofil, Einfluss verschiedener Materialien auf den Trenngrad	Vertikaler Sichter	0,275 m	Ein-Wege-Kopplung
Sun, Z., Liang, L., Liu, C., Zhu, Y., Zhang. L., Yang, G. [39]	Strömungsprofil	Horizon-taler Sichter	0,15 m	Ein-Wege-Kopplung
Spötter, C., Hennig, M., Elskamp, F., Teipel, U., Weber, A.P., Kruggel-Emden, H. [40]	Partikelbewegung zwischen Sichtradschaufeln	Horizon-taler Sichter	0,05 m	Vier-Wege-Kopplung

Ist die Partikelaufgabe jedoch in unmittelbarer Nähe des Sichtrads, so haben vorangegangene Partikel-Partikel-Interaktionen mit der Partikelwolke nur geringe Auswirkungen auf die Geschwindigkeiten der in das Sichtrad eintretenden Partikel. Sowohl Toneva [20] als auch Barimani [24] führten aus, dass eine Vernachlässigung des Einflusses der dispersen Phase nur in einzelnen Fällen gerechtfertigt ist. Das am Sichtrad abgewiesene Material führt zu hohen Feststoffbeladungen vor dem Sichtrad, die durchaus auch eine mögliche Ursache für den Fish-Hook Effekt im Sichter sein kann und für eine Adaption der Realität berücksichtigt werden sollten.

Generell existieren bisher nur sehr wenig Ansätze zur Erklärung des Fish-Hook Effekts in Abweiseradsichtern. Lediglich Eswaraiah [35] und Guizani [31] greifen das Thema in ihren

Studien auf. Eswaraiah et al. vermuten den Feinstaubabprall in Sichtern als Ursache, während Guizani sekundäre Rezirkulationsströmungen und blasenartigen Wirbelzerfall im Inneren des Sichters dafür verantwortlich macht.

Neben dem Einfluss der dispersen Phase sind auch weitere Aspekte des Abweiseradsichters bisher nur sehr ungenügend untersucht. So konzentrieren sich bisherige Studien zur Reduktion des Druckverlusts auf den Bereich vor und zwischen den Sichtradschaufeln. Dies erscheint verwunderlich, da vor allem im inneren schaufelfreien Bereich des Sichters hohe Geschwindigkeiten auftreten, die abrupt über einen 90° Winkel nach oben oder unten umgelenkt werden. Zusätzlich hat bisher kein Forscher das Höhen- zu Durchmesserverhältnis eines Sichtrads sowie den Scale-up Effekt in die Optimierung einbezogen, da vorwiegend eine Fokussierung auf kleinere Sichtraddurchmesser stattgefunden hat.

All dies zeigt, dass für die Optimierung der Geometrie eines Abweiseradsichters sowie das Verstehen und Vermeiden von Phänomenen wie dem Fish-Hook Effekt noch viele weitere Studien erforderlich sind. Auch eine Erweiterung bisheriger numerischer Herangehensweisen, speziell eine Fokussierung auf den Einfluss der dispersen Phase auf das Strömungsprofil sowie die Betrachtung des Einflusses von Partikel-Partikel-Interaktionen für einzelne Zonen des Sichters erscheint sinnvoll. Dazu soll die vorliegende Arbeit neue Einblicke liefern, mit denen das Entwickeln von Modellierungsansätzen zur Vorhersage der Trenncharakteristik in einem Abweiseradsichter erreichbar ist.

2.5.3 Modellbildung zur Trenncharakteristik eines Abweiseradsichters

Die Berechnung der Trenncharakteristik eines Abweiseradsichters mit Hilfe eines mathematischen Modells ist von großem Interesse, da es im Vergleich zu zeitintensiven numerischen Simulationen schnell eine Aussage über wichtige Größen wie die Trenngrenze x_{50} und Trennschärfe κ eines Sichters liefert. Bei der Erstellung von Modellen stehen verschiedene Herangehensweisen zur Verfügung. Neben rein empirischen Ansätzen wie beispielweise dem Modell von Yu [42] orientiert sich Husemann [43] viel näher am physikalischen Trennprozess des Sichters. Aufgrund der Komplexität des Strömungsprofils und des Trennprozesses haben Ansätze mit einem physikalischen Hintergrund mehr Potential. Der bisher am besten auf den eigentlichen Trennprozess adaptierte Ansatz ist das Modell von Spötter [23]. Ein Vorteil dieses Modells ist, dass kein Wissen über die Partikelverteilung des Aufgabeguts erforderlich ist. Spötter et al. [23] fokussieren sich ausschließlich auf die geometrische Parametrisierung der Wirbelbildung sowie des Partikelstroms zwischen zwei rechteckigen Schaufeln eines Sichters, da in dieser Zone die Klassierung der Partikel stattfindet. Basierend auf der numerischen Integration der Bewegungsgleichungen errechnet sich die Flugbahn eines Partikels in Abhängigkeit seiner Größe relativ zu den Schaufeln. Das Modell unterliegt der Annahme, dass sich die Partikel mit einer geringen Geschwindigkeit in der Peripherie des Sichtrads tangential zur Außenkante bewegen, bevor sie unter dem Einfluss der Schleppströmung radial nach innen gezogen werden. Zwischen den Sichtradschaufeln bewegen sich die Partikel aufgrund ihrer geringeren tangentialen Geschwindigkeit im Vergleich zum Sichtrad auf die nacheilende Schaufel zu, bevor sie durch die Kollision mit der Schaufel auf die Umfangsgeschwindigkeit des Sichtrads beschleunigt werden und damit eine Zentrifugalkraft erfahren.

Die Berechnung unterteilt sich demnach in zwei Bereiche, den Bereich vor dem Stoß ohne Zentrifugalkraft und den Bereich nach dem Stoß mit Zentrifugalkraft. Vor dem Stoß ergibt sich die Partikelbewegung aus der Radialgeschwindigkeit v_r, die sich aus Beiträgen von Wirbelrotationen v_{Wirbel} und Strömungseinschnürung zusammensetzt. Die Radialgeschwindigkeit errechnet sich demnach zu:

$$v_r = 0{,}5 \cdot v_{Wirbel} + \frac{\dot{V}_F}{N \cdot ti \cdot L(r)}, \tag{2.15}$$

wobei N der Anzahl der Schaufeln, ti ihrer Tiefe und $\dot{V}_F$ dem Volumenstrom des Fluids entspricht. Das geometrische Maß $L(r)$ berechnet sich aus der folgenden Näherungsformel:

$$L(r) = L_{eff} + R_W - \sqrt{(r - Offset) \cdot (2R_W - (r - Offset))}\,. \tag{2.16}$$

L_{eff} charakterisiert den minimalen Abstand vom Wirbelrand zur nacheilenden Schaufel, $Offset$ die Einrückung des Wirbels nach innen und R_W den Radius des Wirbels.

In Abbildung 12 befindet sich eine schematische Darstellung des Schaufelzwischenraums mit den geometrischen Größen. Spötter et al. [23] bestimmen die Kenngrößen aus Messungen mit der Hochgeschwindigkeitskamera.

Unter Annahme von Stokes ergibt sich die wirkende Schleppkraft zu:

$$F_W = 3 \cdot \pi \cdot \eta_{eff} \cdot x \cdot (v_r - w_r) \tag{2.17}$$

mit der Viskosität des Sichtmediums η_{eff}, der Partikelgröße x sowie der Relativgeschwindigkeit zwischen Fluidströmung v_r und Partikelgeschwindigkeit w_r. Bei bekannten Partikelanfangsgeschwindigkeiten in radialer und tangentialer Richtung ermittelt sich damit der Aufprallort r_{abs} in Abhängigkeit der Partikelgröße. Je kleiner ein Partikel ist, desto tiefer dringt es in den Sichtraum ein.

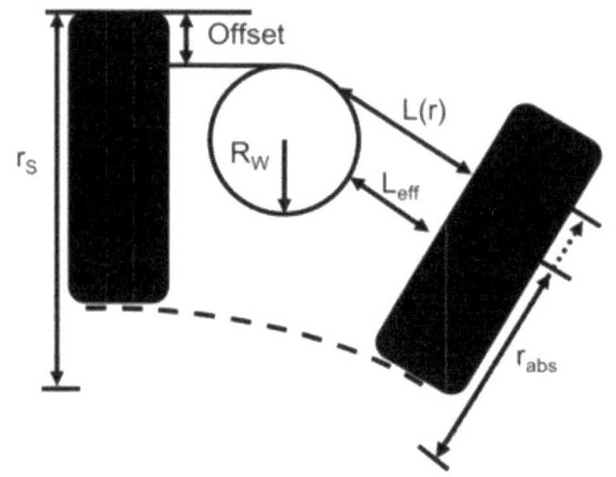

Abbildung 12: Schematische Darstellung des Starrkörperwirbels im Schaufelzwischenraum und seiner Parametrisierung: Wirbelradius $\boldsymbol{R_W}$, minimaler Abstand $\boldsymbol{L_{eff}}$ des Wirbelrandes zur nacheilenden Schaufel, Schaufelradius $\boldsymbol{r_s}$, Abstand zwischen Partikelaufprallort und Sichtradachse $\boldsymbol{r_{abs}}$ [23].

Das eigentliche Trennkorn ermittelt sich anschließend aus einem Kräftegleichgewicht aus der Zentrifugalkraft und der Schleppkraft an der Stoßstelle r_{abs}. Schematisch ist das Gleichgewicht in Abbildung 13 skizziert.

Gleichung 2.1 zeigt, dass die Zentrifugalkraft maßgeblich von der tangentialen Geschwindigkeit des Partikels geprägt ist. Die Tangentialgeschwindigkeit ist primär abhängig vom Partikel-Wand-Stoß und Partikel-Partikel-Kollisionen, weshalb Spötter den Restitutionskoeffizienten e_n und eine effektive Viskosität η_{eff} in die Berechnung der Zentrifugalkraft implementiert.

Die Zentrifugalkraft ergibt sich demnach zu:

$$F_Z = \rho_P \cdot \frac{4}{3}\pi \cdot (\frac{x_t}{2})^3 \cdot (r_{abs} \cdot (2\pi \cdot n)^2 + \frac{(v_a \cdot e_n)^2}{r_{abs}}) \,. \tag{2.18}$$

Die Schleppkraft nach dem Stoß ermittelt sich aus der Berechnung der Reynoldszahl und der Differenz der Geschwindigkeit von Fluid und Partikel zu:

$$F_W = c_W \cdot \frac{\pi}{4} \cdot x_t^2 \cdot \frac{\rho_P}{2} \cdot (v_{r,aufprall} - w_{r,aufprall})^2 \tag{2.19}$$

mit der Trenngrenze x_t, der Drehzahl n, dem Widerstandsbeiwert C_w, der Fluidgeschwindigkeit v_r, der Partikelgeschwindigkeit w_r und der Partikelgeschwindigkeit nach dem Aufprall $v_{ref} = v_a \cdot e_n$.

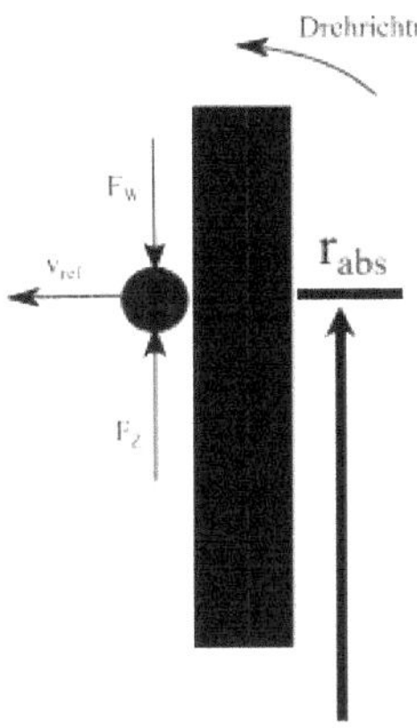

Abbildung 13: Kräftegleichgewicht nach Kollision von Partikel und Schaufel mit Schleppkraft $\boldsymbol{F_W}$, Zentrifugalkraft $\boldsymbol{F_Z}$ und Reflektionsgeschwindigkeit $\boldsymbol{v_{ref}}$ [23].

Der Widerstandsbeiwert errechnet sich in Abhängigkeit der Reynoldszahl zu:

$$C_W = \begin{cases} \frac{24}{Re} & , Re \leq 0{,}25 \\ \frac{21}{Re} + \frac{6}{\sqrt{Re}} + 0{,}28 & , 0{,}25 < Re < 4000 \\ 0{,}44 & , Re \geq 4000 \end{cases} \tag{2.20}$$

Die Reynoldszahl ist wie folgt definiert:

$$Re = \frac{(v_r - w_r) \cdot x_t \cdot \rho_P}{\eta_{eff}} . \tag{2.21}$$

Durch Gleichsetzen der Zentrifugalkraft und Schleppkraft erhält man die Trenngrenze näherungsweise zu:

$$x_t = \left(\frac{C_W \cdot \eta_{eff} \cdot v_{ref}(r_{abs}) \cdot r_{abs}}{\rho_P \cdot v_R^2}\right)^{1/2} . \tag{2.22}$$

Für die Bestimmung des Restitutionskoeffizienten und der effektiven Viskosität in Abhängigkeit der Partikelgröße, der Gutbeladung und Sichtradumfangsgeschwindigkeit sind experimentelle Messungen mit der Hochgeschwindigkeitskamera und Diskrete Element Methode (DEM)-Simulationen mit Vier-Wege-Kopplung erforderlich. Genauere Ausführungen zu der Bestimmung der Parameter und möglichen Fehlerquellen finden sich in der Arbeit von Spötter [23]. Die Bestimmung der Trennfunktion erfolgt mit Hilfe des Modells von Molerus [44, 45]. Dafür ist die Vorgabe der berechneten Trenngrenze x_t sowie der Trennschärfe κ erforderlich. In der Regel wird angenommen, dass die

Trennschärfe κ keine Abhängigkeit zu Drehzahl, Gutbeladung und Schaufelgeometrie aufweist. Die Trennfunktion errechnet sich mit der Partikelgröße x als Laufvariable zu:

$$T(x) = \frac{1}{1+(\frac{x_t}{x})^2 \cdot \exp\left(\kappa \cdot \left(1-\left(\frac{x}{x_t}^2\right)\right)\right)}. \tag{2.23}$$

Auch wenn das von Spötter vorgestellte Modell zur Trenncharakteristik in Abweiseradsichter eine gute Übereinstimmung mit experimentellen Ergebnissen zeigt, bleiben einige Punkte noch offen. Dies sind zum einen, dass das Modell bisher nur für einen kleinen Betriebsbereich eines einzelnen Sichters mit geringem Durchmesser getestet worden ist, zum anderen sind für die Bestimmung einzelner Parameter des Modells immer noch aufwendige Versuche mit Hochgeschwindigkeitskamera und DEM-Simulationen erforderlich. Des Weiteren bleibt offen, ob für das Strömungsprofil ebenfalls ein Skalierungsansatz in Abhängigkeit von Betriebsgrößen erstellbar ist. In seiner Arbeit verweist Spötter [23] darauf, dass noch weitere Erkenntnisse zum Einfluss von Partikel-Partikel-Interaktionen im Sichtprozess sowie effektiver Viskosität erforderlich sind. Nichtsdestotrotz zeigen die Ergebnisse, dass der physikalisch gewählte Ansatz mit Partikelflugbahn zwischen zwei Sichtradschaufeln des Sichters deutlich genauer ist als ein rein empirischer Ansatz.

3 Materialien und Methoden

Dieses Kapitel stellt die verwendeten Materialien und Versuchsanlagen zur Bestimmung der trenntechnischen Funktionen und des Druckverlusts in einem Abweiseradsichter dar. Es sei an dieser Stelle erwähnt, dass zwei kleinere und ein größerer Sichter zur Validierung der numerischen Untersuchungen zur Verfügung stehen. Darüber hinaus werden die Messapparaturen, die für die Bestimmung von Partikelgrößenverteilungen, Massenströmen oder Druckmessungen verwendet werden, vorgestellt. Abschließend erfolgt ein Einblick in die Grundlagen der numerischen Strömungssimulation. Spezielle Berücksichtigung findet die Vorstellung des für die Zweiphasenströmung verwendeten Algorithmus sowie die Umsetzung der Randbedingungen in den Simulationen.

3.1 Experimentelles Versuchsdesign

3.1.1 Aufbau der Versuchsanlagen

Die regelmäßige Validierung der Ergebnisse aus der numerischen Strömungssimulation ist zwingend erforderlich. Einerseits stärkt diese das Vertrauen in die eingesetzten Methoden, andererseits ist sie die notwendige Grundlage für eine belastbare Prognosefähigkeit und Aussagekraft der Simulationen. Das vorangegangene Kapitel zeigt, dass eine große Bandbreite an unterschiedlichen Abweiseradsichtern in der Praxis existiert. Diese unterscheiden sich beispielsweise in der Strömungsführung oder Partikelaufgabe. Eine wichtige Eigenschaft des numerischen Algorithmus ist es, für alle Arten von Abweiseradsichtern anwendbar zu sein. Deshalb muss auch die Validierung des verwendeten Algorithmus an mehreren Abweiseradsichtern erfolgen. Als Kenngrößen für die Validierung dienen einerseits die Trenngradkurven und daraus abgeleitete Kennzahlen wie die Trenngrenze x_{50} und die Trennschärfe κ. Andererseits liefert auch ein Vergleich des Druckverlusts zwischen Experiment und Simulation eine Sicherheit für die Genauigkeit der Simulationen.

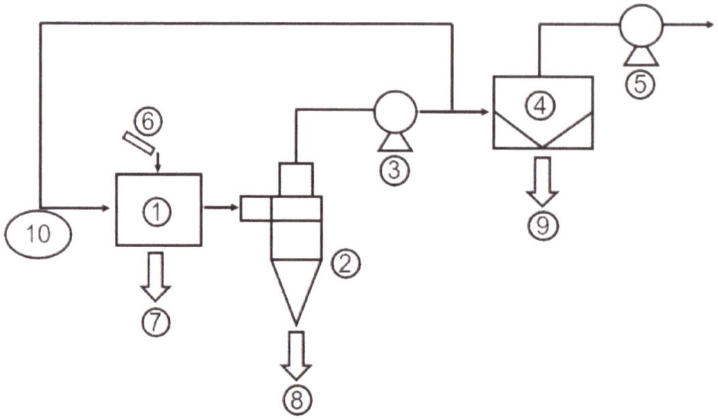

1 Abweiseradsichter
2 Zyklone
3 Ventilator
4 Filter
5 Ventilator
6 Dosierschnecke
7 Grobgut
8 Feingut
9 Filterstaub
10 Umluft

Abbildung 14: Schematischer Skizze der Gesamtanlage mit Hochleistungssichter.

Wie bereits erwähnt, stehen für die Validierung zwei kleinere und ein größerer Sichter zur Verfügung. Bei allen Sichtern handelt es sich um vertikale Sichter. Ihre Besonderheiten sowie ihre Eingliederung in die Gesamtanlage sind im Folgenden beschrieben, genau wie die Messanordnungen, die zur Bestimmung der für die Validierung genutzten Parameter dienen.

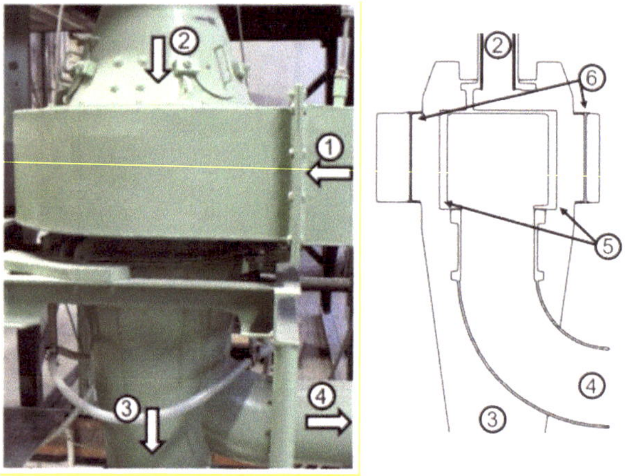

1 Lufteintritt
2 Materialeinlass
3 Grobgut
4 Luftauslass und Feingut
5 Sichtrad
6 Statische Leitschaufeln

Abbildung 15: Foto (links) sowie technische Skizze des Sichters (rechts) [46].

Gegenstrom-Drehkorbsichter als Einzelsichter

Bei dem ersten Sichter handelt es sich um einen Hochleistungssichter der Fa. Gebrüder Pfeiffer SE. Die Integration des Sichters in die Gesamtanlage ist in Abbildung 14 enthalten. Wie die Abbildung zeigt, lässt ein Ventilator die Luft im System zirkulieren. Diese durchströmt zuerst einen Sichter und anschließend einen Zyklon. Das Aufgabegut wird über eine Dosierschnecke oberhalb des Sichters auf einen Streuteller aufgegeben und gelangt zwischen den statischen Leitschaufeln und dem Sichtrad in die Apparatur. Eine technische Zeichnung des Sichters sowie ein Bild der Anlage mit den Luftführungen findet sich in Abbildung 15. Die Sichtluft greift das aufgegebene Material unmittelbar vor dem Sichter auf und transportiert dieses in Richtung Sichtrad. Die feinen Partikel gelangen mit der Luft nach innen, während die groben Partikel aufgrund hoher Zentrifugalkräfte abgewiesenen werden und nach unten ins Grobgut sedimentieren. So erfolgt der Grobgutaustrag über eine Zellenradschleuse, die gleichzeitig als Luftabschluss dient. Der Luftstrom mit den feinen Partikeln gelangt zum Zyklon, in dem die Abtrennung des Feinguts stattfindet. Die Nachabscheidung der feinsten Partikel erfolgt in einem Schlauchfilter. Auch dieses Material wird dem Feingut zugerechnet.

An der Versuchsanlage befinden sich Messstellen zur Bestimmung des Luftvolumenstroms sowie des statischen Drucks und der Gastemperatur vor und nach dem Sichter. Diese dienen zur Validierung der numerischen Ergebnisse aus der Simulation. Die Messung des Luftvolumenstroms erfolgt mit Hilfe einer Blende nach DIN EN ISO 5167-2. Als Temperaturmessgeräte dienen Thermoelemente am Ausgang des Sichters. Die Messung des statischen Drucks geschieht mit Hilfe eines U-Rohrs. Die Bestimmung der Partikelverteilungen und Massen von Fein- und Grobgut resultiert aus den einzelnen Produktströmen. Für die Partikelverteilungen kommt ein Mastersizer 2000 von der Fa. Malvern Panalytical zum Einsatz. Die Massenströme von Fein- und Grobgut sind mittels Waage bestimmbar. Die hieraus ermittelten Werte dienen zur Berechnung der Trenngradkurve nach Kapitel 2.3.

Die Validierung am Gegenstrom-Drehkorbsichter als Einzelsichter erfolgt mit zwei verschiedenen Sichträdern. Eine Darstellung der beiden Sichter findet sich in Abbildung 16. Hieran ist zu sehen, dass das erste Sichtrad aus 36 radialen Schaufeln und das zweite aus 48 im Uhrzeigersinn positiv angestellten Schaufeln besteht. Beide Sichträder haben einen Außendurchmesser von 0,32 m. Des Weiteren sind zur Reduktion des Druckverlusts an beiden Sichträder konstruktive Änderungen vorgenommen worden. Die Änderungen beziehen sich auf den Innenraum des Sichtrads, wo mehrere Segelflächenelemente integriert worden sind. Beispielhaft sind die Segelflächenelemente beim Sichtrad mit 36 radialen Schaufeln in der linken Darstellung von Abbildung 16 installiert.

Abbildung 16: Sichtrad mit 36 radialen Schaufeln und vier Segelflächenelementen (links), Sichtrad mit 48 positiv angestellten Schaufeln (rechts).

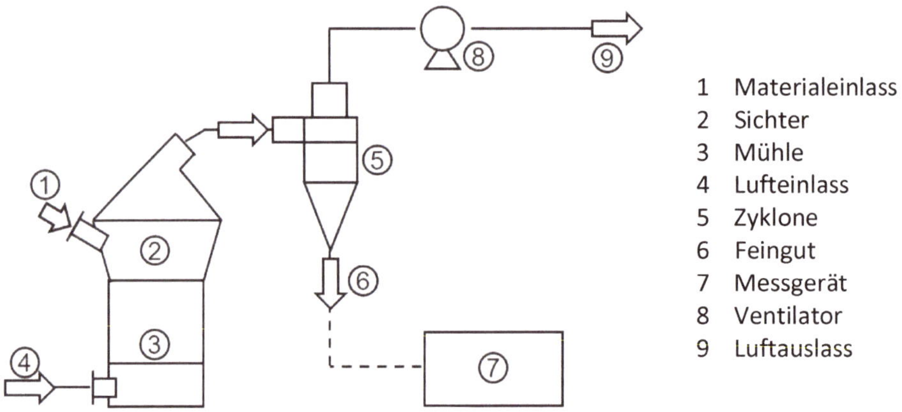

Abbildung 17: Schematische Integration von Sichter und Mühle in die Gesamtanlage.

Gegenstrom-Drehkorbsichter auf Vertikalmühle

Die beiden anderen zu Validierungszwecken verwendeten Sichter sind ebenfalls in vertikaler Ausführung. Dabei handelt es sich um eine vertikale Walzenschüsselmühle mit Sichter, bei dem der Zerkleinerungs- und Sichtprozess jedoch in einer Apparatur stattfinden.

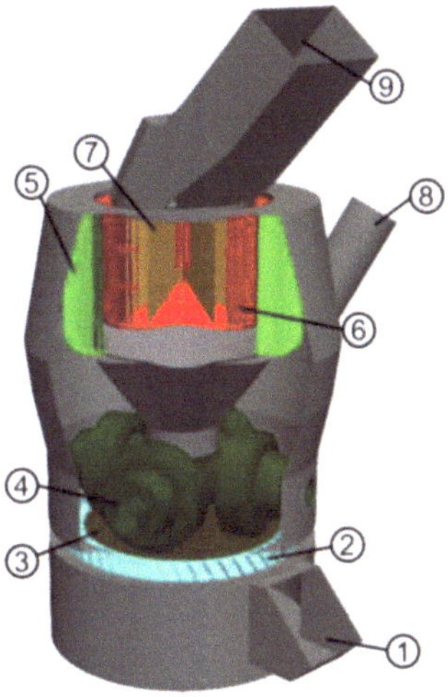

1 Lufteinlass
2 Düsenring
3 Mahlteller
4 Mahlwalzen
5 Statische Leitschaufeln
6 Sichtrad
7 Segelflächenelemente
8 Materialeinlass
9 Feingut und Luftauslass

Abbildung 18: CAD-Zeichnung von Mühle und Sichter.

Die beiden Anlagen sind identisch ausgeführt und unterscheiden sich ausschließlich in der Größe. Abbildung 17 skizziert schematisch den Aufbau der Gesamtanlage. Zum Einstellen der Gastemperatur befindet sich vor der Mühle ein Brenner, der zusätzlich frische Luft in das System einbringt. Das Herzstück des Prozesses bilden die Walzenschüsselmühle mit Sichter. Eine CAD-Zeichnung befindet sich in Abbildung 18. Die warme Luft dringt über einen Düsenring (2) von unten in Mühle ein, wo sich die Zerkleinerungsvorrichtung, bestehend aus vier Walzen (4), befindet. Über einen Griesekonus und eine Dosierschnecke – in der Abbildung 18 als Materialeinlass (8) bezeichnet – wird das Aufgabematerial seitlich in das System eingebracht und gelangt auf den Mahlteller (3). Hier findet die Zerkleinerung statt.

Der von unten eingetragene Luftstrom transportiert das Partikelgut nach oben zum Sichter (6). Anders als beim Einzelsichter gelangt das Material vorbeschleunigt zum Sichter. Grobe Partikel werden nun am Sichter abgewiesen, während feine Partikel ins Innere gelangen. Das abgewiesene Material wird über den Griesekonus erneut dem Mahlprozess zugeführt, weshalb im Realbetrieb kein Grobgut zu Analysezwecken zur Verfügung steht. Das feine Material verlässt den Sichter mit der Luft und wird in einem Zyklon von der Luft getrennt. Die beschriebene Betriebsweise ermöglicht ausschließlich eine Analyse des Feinguts. Bei der kleinen Sichterausführung mit einem Außendurchmesser mit 0,22 m hingegen besteht die Möglichkeit mit Hilfe einer integrierten Schnecke das Grobgut zwischen Sichter und Mühle zu Analysezwecken abzuführen. Druck, Temperatur und Volumenströme werden wie beim vorherigen Sichter bestimmt. Für den kleinen Sichter sind ebenfalls unterschiedliche Sichträder mit verschiedener Schaufelanzahl und Anstellung vorhanden.

3.1.2 Versuchsgüter

Bei den Versuchen kommen verschiedene Materialien zum Einsatz. Der in den Experimenten an den kleinen Sichtern verwendete Dolomit hat eine Reindichte ρ_P von 2860 kg/m³. Abbildung 19 stellt die Partikelgrößenverteilungen der untersuchten Fraktionen dar: Der Dolomit ist durch vorangegangene Mahlung und Fraktionierung auf den gewünschten Größenbereich von 0 - 600 µm eingestellt und die Partikelform ist näherungsweise sphärisch. Partikel mit einem Durchmesser von 600 µm liegen deutlich außerhalb des Stokesbereich, was eine mögliche Ursache für die Abweichung von theoretischen Trenngrenzen ist. Die Produkte weisen eine mittlere Partikelgröße $x_{50,3}$ von 150 µm und 12,6 µm auf.

Bei den Validierungsversuchen am großen Gegenstrom-Drehkorbsichter auf der Vertikalmühle kommen zwei verschiedene Puzzolane zum Einsatz. Die Reindichte des ersten Puzzolans beträgt 2540 kg/m³ und die des zweiten 2610 kg/m³. Die Partikelgrößenverteilung der Aufgabe ist in beiden Fällen nicht bekannt, da die Zerkleinerung und Klassierung des Aufgabematerials in einer gemeinsamen Apparatur stattfinden. Die gemahlenen Puzzolane zeichnen sich durch eine annähernd kugelförmige Form aus.

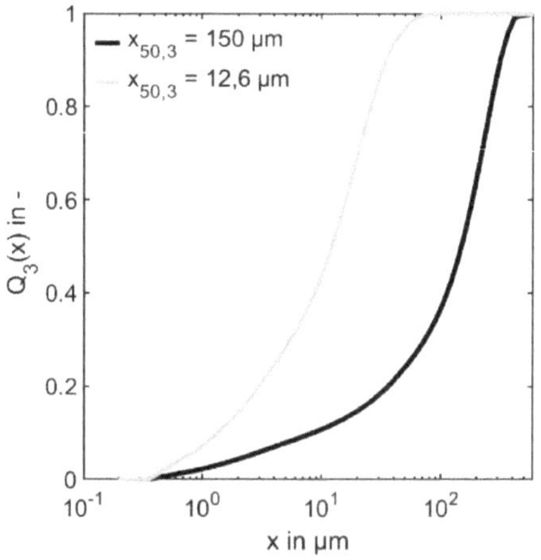

Abbildung 19: Partikelgrößenverteilung der verwendeten Dolomitfraktionen.

3.2 Grundlagen der numerischen Strömungssimulation

Zur Berechnung von Einphasen- oder Mehrphasenströmungen hat sich die CFD als mathematische Methode etabliert. In der CFD werden Strömungen durch nicht-lineare partielle Differentialgleichungen beschrieben [47], was die Hilfe von numerischen Methoden erfordert. Eine Methode zur Lösung der Gleichungen ist die Finite-Volumen-Methode (FVM), bei der eine Diskretisierung des Berechnungsgebiets in kleine Volumina stattfindet und die Approximation der Gleichungen über Oberflächen- und Volumenintegrale erfolgt. Die Grundlagen der CFD liefern die Erhaltungsgleichungen für Masse, Impuls und Energie. Bei den Untersuchungen des Strömungsprofils eines Abweiseradsichters ist von isothermen Bedingungen auszugehen, weshalb die Energieerhaltung in dieser Arbeit keine Beachtung findet. Die berücksichtigten Gleichungen zur Erhaltung der Masse und Impuls sind auch als Navier-Stokes-Gleichungen bekannt. Zwar hängt die Genauigkeit der numerischen Lösungen primär von der Qualität der verwendeten Gleichungen ab, eine Berücksichtigung aller physikalischen Zusammenhänge ist jedoch sehr aufwendig. Deshalb kommen häufig Modelle zur Beschreibung von physikalischen Zusammenhängen zum Einsatz.

In der Verfahrenstechnik existieren vielfältige Ansätze zur Beschreibung unterschiedlicher Strömungen. Exemplarisch sind hier inkompressible und kompressible Strömungen, Wärme- und Stofftransport, Verbrennungen oder Mehrphasenströmungen zu nennen. Der folgende Abschnitt beschreibt im Detail die angewandten Gleichungen und die getroffenen Annahmen der Modellierung der Zweiphasenströmung in einem Abweiseradsichter. Zusätzlich erfolgt eine Beschreibung der Implementierung der Gleichungen in die Software-Umgebung des OpenSource-Programms OpenFOAM der Version 6.0, mit dessen Hilfe die Berechnungen durchgeführt werden.

3.2.1 Numerische Modellierung von Zweiphasenströmungen

Die Vielseitigkeit von Gas-Feststoff-Mehrphasenströmungen hat dazu geführt, dass verschiedene Modellierungsansätze zur Berechnung existieren. Hiromi Ariyaratne et al. [48] liefern einen detaillierten Überblick über die verschiedenen Ansätze, eine Einteilung der Modelle findet sich in Abbildung 20. Grundlegend erfolgt die Einteilung in Euler-Euler-Ansätze und Euler-Lagrange-Ansätze.

Bei Euler-Euler-Ansätzen geht man ausschließlich von kontinuierlichen Phasen aus. Das bedeutet, dass auch die disperse Phase in Analogie zu einem Fluid als Kontinuum betrachtet wird und der Austausch der Phasen über Wechselwirkungsterme erfolgt [49].

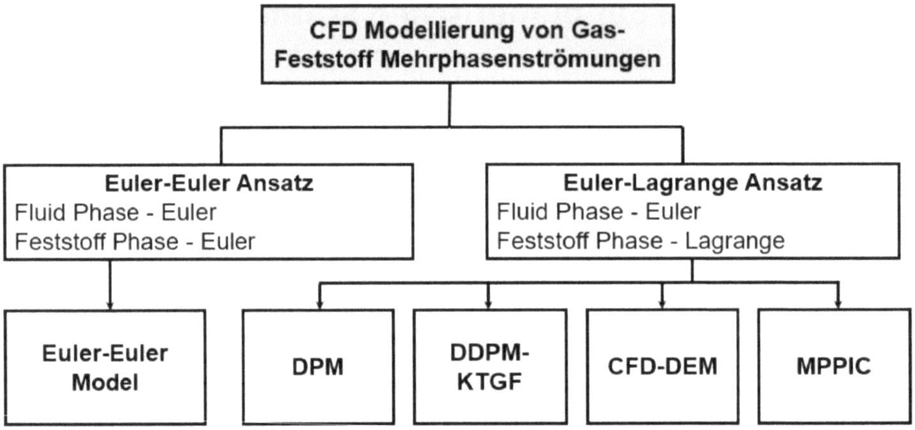

Abbildung 20: Überblick über die Ansätze zur Modellierung von Gas-Feststoff-Mehrphasenströmungen [48].

Da ausschließlich Erhaltungsgleichungen gelöst werden, ist die numerische Berechnung einfach und schnell. Bei geringen Konzentrationen in einem Kontrollvolumen ist es für gewöhnlich schwierig, allgemeingültige Ansätze für die Schubspannung der dispersen Phase zu formulieren [50]. In der Regel ist deswegen eine Reihe von Experimenten und Simulationen zur Kalibrierung der Parameter notwendig. Zudem erfolgt keine direkte Berücksichtigung von Partikelgrößenklassen, weshalb deren Betrachtung eine zusätzliche Integration verlangt. Da für eine Erstellung der Trenncharakteristik in einem Sichter vor allem das Verhalten unterschiedlicher Partikelgrößen von Interesse ist, ist das zweite Verfahren, der Euler-Lagrange-Ansatz, zur Beschreibung des Strömungsprofils in einem Sichter geeigneter.

Das Euler-Lagrange-Verfahren betrachtet ausschließlich das Fluid als Kontinuum, während die disperse Phase durch diskrete Einzelteilchen beschrieben wird. In der Regel ist die berücksichtigte Anzahl der Teilchen nur ein Auszug der realen Anzahl, um die Berechnungszeit zu begrenzen. Man spricht von sogenannten Paketen, die eine Summe von Partikeln mit gleichen Eigenschaften abbilden und damit die Teilchenanzahl und Rechenzeit deutlich reduzieren. Die Modellierung der Teilchen- oder Partikelbahnen ist dabei direkt an physikalische Gegebenheiten in Abhängigkeit der Partikelgrößenklasse gebunden, weshalb dieses Verfahren für einzelne Partikel oder Pakete deutlich genauer ist.

Die Berechnung der fluiden Phase erfolgt bei der Euler Betrachtungsweise mit Hilfe der Navier-Stokes-Gleichungen. Die Massenerhaltung, ausgehend der Annahme eines inkompressiblen isothermen Newtonschen Fluids, ergibt sich aus einer differentiellen Bilanz zu:

$$\frac{\partial \alpha_F}{\partial t} + \nabla \cdot (\alpha_F \cdot \vec{u}_F) = 0 \tag{3.1}$$

mit α_F dem Phasenanteil der Luft und $\vec{u}_F$ der Geschwindigkeit des Fluids.

Die Impulserhaltung berechnet sich zu:

$$\frac{\partial(\alpha_F \cdot \vec{u}_F)}{\partial t} + \nabla \cdot (\alpha_F \cdot \vec{u}_F \cdot \vec{u}_F) = -\nabla P_F + \Delta \cdot (\alpha_F \cdot \tau_F) + \alpha_F \cdot \vec{g} - S_P \tag{3.2}$$

Die einzelnen Terme der Impulsgleichung beschreiben von links nach rechts den Speicherterm und die konvektive Änderung, den Druckgradienten und die diffusive Änderung aufgrund von Reibung. Die beiden letzten Terme beschreiben die Gravitation sowie den Impulsaustausch zwischen Feststoff und Flüssigkeit. Sie stellen externe Volumenkräfte dar. Die Impulsgleichung ist eine nicht-lineare partielle Differentialgleichung höherer Ordnung und demnach nur durch Vereinfachungen analytisch lösbar. Deshalb ist ausschließlich eine Näherungslösung durch numerische Methoden möglich. Aus Gründen der Kontinuität errechnet sich der Phasenanteil der Luft zu:

$$\alpha_F = 1 - \alpha_P \ , \tag{3.3}$$

Hier ist α_P der Phasenanteil der dispersen Phase in einem Kontrollvolumen. Für ein Kontrollvolumen errechnet sich der Phasenanteil der dispersen Phase aus dem Volumen aller Partikel durch das Zellvolumen nach:

$$\alpha_P = \frac{1}{V_{Cell}} \cdot \sum_i V_i \ . \tag{3.4}$$

Die einzelnen Phasen beeinflussen sich gegenseitig, weshalb eine Berücksichtigung dieser bei der Berechnung der kontinuierlichen Phase oder einzelner Partikel Beachtung findet. Ist der Einfluss einer Phase auf eine andere Phase klein, so ist eine Vernachlässigung zur Einsparung von Rechenzeit möglich. In Abbildung 21 ist zu sehen, wie Elgobashi [51] die Relevanz der Berücksichtigung von Wechselwirkungen zwischen Fluid und Partikel in Abhängigkeit der Feststoffkonzentration sowie einem Verhältnis von Partikelreaktionszeit τ_P zu Kolmogorov Zeitskala τ_K beschreibt. Die Partikelreaktionszeit ist ein Maßstab dafür, wie schnell ein Partikel auf Änderungen der umgebenden Strömung reagiert. Genaue Ausführungen dazu liefert Elgobashi [51].

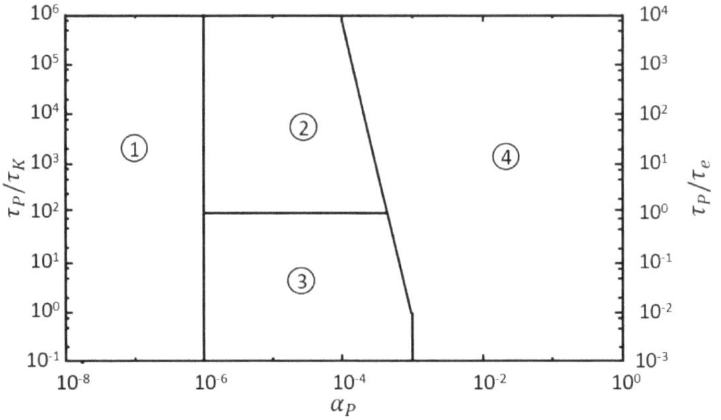

Abbildung 21: Einteilung der zu beachtenden Wechselwirkungen zwischen Partikel und Fluid in Abhängigkeit der Feststoffbeladung nach Elghobashi [51] mit (1) Ein-Wege-Kopplung, (2) Zwei-Wege-Kopplung, bei der Partikel die Turbulenzproduktion verstärken, (3) Zwei-Wege-Kopplung, bei der Partikel die Turbulenzdissipation verstärken und (4) Vier-Wege-Kopplung.

Ihm zufolge ist bei geringen Feststoffkonzentration mit $\alpha_P < 10^{-6}$ ausschließlich der Einfluss der kontinuierlichen Phase auf die Partikel zu berücksichtigen. Der Einfluss der Partikel auf die Turbulenz der Strömung ist vernachlässigbar, weshalb von einer Ein-Wege-Kopplung gesprochen wird. Mit steigender Feststoffkonzentration nimmt der Einfluss der dispersen Phase auf die Strömung zu und eine Zwei-Wege-Kopplung ist notwendig. Die Berücksichtigung des Einflusses der dispersen Phase auf die kontinuierliche Phase erfolgt in Gleichung 3.2 mit dem Quellterm S_P in der Impulsbilanz.

Dieser berechnet sich aus den Kräften des Widerstands und des Druckgradienten aller in einer Gitterzelle aktiven Partikel nach dem dritten Newtonschen Gesetz, dem Wechselwirkungsgesetz, zu:

$$S_P = \frac{\sum_{i=1}^{N_P}(F_{d,i} + F_{\nabla p,i})}{\rho_F \cdot V_{Cell}} \,. \tag{3.5}$$

Steigt die Feststoffkonzentration noch weiter an und α_P ist größer als 10^{-3}, ist auch die Einbeziehung von Wechselwirkungen von Partikeln untereinander erforderlich und man spricht von einer Vier-Wege-Kopplung. Abweiseradsichter operieren in der Regel bei moderaten Aufgabebeladungen, weshalb auf den ersten Blick eine Ein-Wege- oder Zwei-Wege-Kopplung zur Beschreibung der strömungstechnischen Vorgänge in einem Abweiseradsichter ausreichend ist. Ansammlungen von abgewiesenem Material an der Außenkante des Sichters können jedoch in einigen Zonen zu hohen Feststoffkonzentrationen führen, sodass es erforderlich erscheint, den Einfluss von Partikel-Partikel-Stößen in diesen Zonen zu betrachten. So liegen bei den hier durchgeführten Untersuchungen Feststoffbeladungen vor, die eine Vier-Wege-Kopplung nach Elgobashi erforderlich machen. Es sei jedoch erwähnt, dass das in Abbildung 21 gezeigte Diagramm von Elghobashi [51] nur als grundlegende Orientierung dient. Generell ist in jedem Einzelfall abzuklären, ob die disperse Phase die strömungstechnischen Vorgänge beeinflusst. Daher wird, wie eingangs erwähnt, auf Modelle zur Beschreibung von physikalischen Zusammenhängen zurückgegriffen.

Für die Modellierung von Partikelstößen existieren eine Reihe von unterschiedlichen Herangehensweisen. Das nachfolgende Kapitel beschreibt die numerische Modellierung der Partikelbewegung in Abhängigkeit von Ein-Wege, Zwei-Wege oder Vier-Wege-Kopplung. Für die Berücksichtigung von Partikel-Partikel-Stößen, der Vier-Wege-Kopplung, kommen in dieser Arbeit zwei unterschiedliche Modellierungsansätze zum Einsatz. Dies sind die CFD-Diskrete Elemente Methode (CFD-DEM) und die Multiphase-Particle-in-Cell (MP-PIC) Methode [52]. Beide Methoden unterscheiden sich in ihrer Modellierung von Partikel-Partikel-Stößen grundlegend, weswegen sie unterschiedliche Vorteile besitzen und je nach Anwendungsgebiet spezifische genutzt werden.

3.2.2 Numerische Modellierung der Partikelbewegung in einem Abweiseradsichter

Die Bewegungsrichtung eines Partikels ist in eine translatorische und eine rotatorische Bewegungsrichtung zu unterteilen. Die Bewegung resultiert aus der Interaktion eines Partikels mit seinen Nachbarpartikeln und dem sie umgebenden Fluid. Aber auch weiter entfernte Teilchen können Partikel durch die Ausbreitung von Störungswellen beeinflussen. Dabei findet ein Austausch von Drehmoment und Energie statt. Demnach ist die Bewegung eines Partikels durch das Wissen aller auf ein Partikel wirkenden Kräfte beschreibbar. Diesem Ansatz folgt die CFD-DEM, bei der eine vollständige Auflösung des gesamten Prozesses einer Kollision oder eines Kontakts durch numerische Integration der Bewegungsgleichungen erfolgt. Die Kollision an sich ist ein kontinuierlicher Prozess, der über eine endliche Zeit abläuft. Die Kontaktkraft errechnet sich als eine Funktion des Abstands zwischen zwei kollidierenden Teilchen [48]. Zur Modellierung der Kollision kommt ein Feder-, Dämpfungs- und Reibungsmodell zur Anwendung, das physikalisch realistisch am ablaufenden Prozess orientiert ist. Deshalb liefert die CFD-DEM eine genauere Vorhersage für den Stoß als andere Modelle und ist speziell für dicht beladene Strömungen geeignet [53]. Allerdings ist der Aufwand der Berücksichtigung jedes einzelnen Stoßes sehr hoch und wird zusätzlich dadurch erhöht, dass eine Reduktion der

Partikelanzahl durch die Zusammenfassung vieler Partikel zu einem Paket nicht mehr möglich ist.

Das zweite Newtonsche Gesetz definiert die Bewegung eines einzelnen Partikels bei der CFD-DEM und ergibt sich zu:

$$m_P \cdot \frac{du_P}{dt} = \sum_{j=1}^{n_P^k} F_{P,j}^k + \sum_{k=1}^{n_P^{nk}} F_{P,k}^{nk} + F_P^F + F_P^G \tag{3.6}$$

$$I_P \cdot \frac{dw_P}{dt} = \sum_{j=1}^{n_P^k} M_{P,j} \tag{3.7}$$

Hier beschreiben u_P und w_P die translatorische und rotatorische Geschwindigkeit eines Partikels. Die Summe aller auf ein Partikel wirkenden Kräfte besteht aus der Summe aller direkten Kontaktkräften zwischen Nachbarpartikeln $F_{p,j}^k$, Kräften, die von anderen Partikeln ohne Kontakt auf das Partikel übertragen werden, $F_{p,k}^{nk}$, Kräften, die vom Fluid auf das Partikel wirken, F_P^F und externen Kräften wie beispielsweise die Gravitationskraft F_P^G. Unter Kräften, die von anderen Partikeln ohne direkten Kontakt Einfluss auf die Partikelbewegung nehmen, fallen Kapillarkräfte, Van-der-Waals- oder elektrostatische Kräfte, die vor allem bei sehr kleinen und feuchten Partikeln eine dominierende Rolle einnehmen. Diese Kräfte sind für die Betrachtung eines dynamischen Abweiseradsichters gering und sind deshalb vernachlässigbar. Die Gravitationskraft ermittelt sich für ein sphärisches Partikel nach [54, 55] zu:

$$F_P^G = m_P \cdot g = \frac{1}{6} \cdot \pi \cdot \rho_P \cdot d_P^3 \cdot g\,, \tag{3.8}$$

wobei m_P, ρ_P und x_P der Masse, der Dichte und dem Durchmesser eines Partikels entsprechen und g die Erdbeschleunigung repräsentiert. Das umgebende Fluid beeinflusst die Partikel ebenfalls. Diese Beeinflussung ist mittels Partikel-Fluid-Interaktionsterm F_P^F modelliert, der sich zu:

$$F_P^F = F_W + F_{\Delta P} \tag{3.9}$$

ergibt. F_W entspricht der Widerstandskraft und $F_{\Delta P}$ der Kraft aufgrund des Druckgradienten. Kleinere Kräfte wie virtuelle Massenkräfte, die Basset-Kraft, Saffmann- oder Magnuskräfte finden aufgrund ihrer geringen Größe im Vergleich zur Widerstandskraft keine Beachtung. Die Widerstandskraft ist primär von der relativen Geschwindigkeitsdifferenz der beiden Phasen abhängig. Um die Widerstandskraft zu berechnen, existieren in der Literatur verschiedene empirische Modelle. Bei der numerischen Modellierung kommt in dieser Arbeit das Modell von Haider und Levenspiel und ein kombiniertes Modell von Ergun und Orning [57] und Wen und Yu zum Einsatz.

Das Widerstandsmodell von Haider und Levenspiel [56] sieht eine Korrektur für nicht sphärische Partikel vor. Die Widerstandskraft berechnet sich in diesem Fall zu:

$$F_W = C_D \cdot \frac{\pi}{8} \cdot \rho_F \cdot d_P^2 \cdot |u_F - u_P| \cdot (u_F - u_P)\,, \tag{3.10}$$

mit dem Widerstandskoeffizienten C_D.

Der Widerstandskoeffizient berechnet sich bei Haider und Levenspiel zu:

$$C_D = \frac{24}{Re_P} \cdot \left(1 + a \cdot {Re_P}^b\right) + \frac{c \cdot Re_P}{1 + \frac{d_P}{Re_P}}\,, \tag{3.11}$$

mit den Faktoren

$$a = exp^{2{,}3288 - 6{,}4581 \cdot phi + 2{,}4486 \cdot phi^2} \tag{3.12}$$

$$b = 0{,}094 + 0{,}5565 \cdot phi \tag{3.13}$$

$$c = exp^{4{,}9050 - 13{,}8944 \cdot phi + 18{,}4222 \cdot phi^2 - 10{,}2599 \cdot phi^3} \tag{3.14}$$

$$d = exp^{1{,}4681 + 12{,}2584 \cdot phi - 20{,}7322 \cdot phi^2 + 15{,}8855 \cdot phi^3}\,, \tag{3.15}$$

die als Funktion des Formfaktors phi definiert sind. Der Formfaktor phi berechnet sich aus einem Verhältnis der Oberfläche einer Kugel A_{SI} mit dem identischen Volumen zur Oberfläche des eigentlichen Partikels A_P zu:

$$phi = \frac{A_{SI}}{A_P}\,. \tag{3.16}$$

Die zur Berechnung des Widerstandskoeffizienten erforderlichen Partikel-Reynoldszahl berechnet sich wie folgt:

$$Re_P = \frac{\rho_F \cdot |u_F - u_P| \cdot d_P}{\mu_F}\,. \tag{3.17}$$

Das zweite verwendete Widerstandsmodell ist ebenfalls ein empirischer Ansatz und basiert aus einer Kombination der Modelle von Ergun und Orning [57] und Wen und Yu [58].

Bei beiden Modellen ist der Einfluss des Feststoffanteils auf die Widerstandskraft berücksichtigt. Für dichtbeladene Regionen mit $\alpha_P > 0{,}2$ berechnet sich der Koeffizient β nach Ergun zu:

$$\beta = 150 \cdot \frac{{\alpha_P}^2}{\alpha_F} \cdot \frac{\mu_F}{d_P^2} + 1{,}75 \cdot \alpha_P \cdot \frac{\rho_F}{d_P} \cdot |u_F - u_P| \tag{3.18}$$

und bei geringen Beladungen α_P <= 0,2 nach Wen und Yu zu:

$$\beta = \frac{3}{4} \cdot C_D \cdot \frac{\alpha_P \cdot \alpha_F}{d_P} \cdot \rho_F \cdot |u_F - u_P| \cdot \alpha_F^{-2,65} \tag{3.19}$$

mit μ_F und ρ_F als dynamische Viskosität und Dichte des Fluids und d_P als Durchmesser des Partikels. Der Widerstandskoeffizient C_D ist eine Funktion der Partikel-Reynoldszahl Re_P und ist gegeben zu:

$$C_D = \begin{cases} \frac{24}{Re_P} \cdot \left(1 + 0.15 \cdot {Re_P}^{0,687}\right), & Re_P \leq 1000 \\ 0,44\,, & Re_P > 1000 \end{cases} . \tag{3.20}$$

Für diesen Fall berechnet sich die Widerstandskraft F_W zu:

$$F_W = \frac{V_P \cdot \beta \cdot (u_F - u_P)}{\alpha_P} . \tag{3.21}$$

Nachfolgend ist die Modellierung des Kraft- und Impulsaustausches, die durch einen direkten Kontakt zweier Partikel entsteht und in Gleichung 3.6 mit dem Term $F_{p,j}^k$ berücksichtigt wird, genauer erläutert. Kollidieren in der Realität zwei Partikel, so findet der Kontakt nicht an einem einzigen Punkt statt, sondern aufgrund der Verformung der Partikel auf einer endlichen Fläche. Die Verteilung der Kontaktkräfte hat eine Komponente in Tangential- und Normalrichtung. Bei der Berechnung der Kontaktkräfte wird angenommen, dass sich es sich bei den Partikeln um Kugeln handelt, die sich bei einem Kontakt überlappen. Für die Berührungspunkte kommen geeignete Kontaktmodelle zum Einsatz, die aufgrund ihrer Einfachheit einen linearen Zusammenhang besitzen. Das hier verwendete Modell ist das Hertzsche Feder-Dämpfer Modell [59]. Der Vorgang der Kollision ist durch den Einsatz eines Feder- Modells für die elastische Deformation und eines Dämpfer-Modells für die viskose Dissipation beschrieben. Über Koeffizienten wie die Federsteifigkeit, den Dämpfungskoeffizient und den Reibungskoeffizienten sind materialspezifische Eigenschaften berücksichtigt. Genauere Ausführungen zur Berechnung der einzelnen Kontaktkräfte in Normal- und Tangentialrichtung finden sich unter [53, 59]. Bei der Simulation von großen Industrieprozessen stößt die CFD-DEM aufgrund der immensen Anzahl von Millionen Partikeln in Mehrphasensystemen rechenzeitbedingt an ihre Grenzen. Deshalb ist ihr Einsatz nur für einen vereinfachten Abschnitt eines Abweiseradsichters möglich und findet ausschließlich bei 2D-Simulationen zwischen zwei Sichtradschaufeln Anwendung.

Eine alternative und weniger aufwendige Modellierung von Partikel-Partikel-Wechselwirkungen liefert die Multiphase-Particle-in-Cell (MP-PIC) Methode. Die Modellierung der Partikelkollisionen erfolgt hierbei über gemittelte Partikelspannungen, die aus dem Lagrange-Ansatz stammen und auf das Eulersche Netz übertragen werden.

Dies erlaubt auch den Einsatz des Konzepts, mit Paketen statt Partikeln zu operieren und ist deshalb auch für größere Geometriebereiche anwendbar. Zwar erfolgt in diesem Fall keine direkte Auflösung einer Partikel-Partikel-Kollision, nichtsdestotrotz hat sich die MP-PIC Methode in den letzten Jahren weiterentwickelt und liefert vor allem für dichtbeladene Partikelströmungen eine zufriedenstellende Genauigkeit des Kollisionsprozesses [60]. Die Bewegung der Partikel erfolgt analog zur CFD-DEM über das zweite Newtonsche Gesetz. Direkte und indirekte Kontaktkräfte aufgrund anderer Partikel, die in Gleichung 3.6 mit den Termen $F_{p,j}^{k}$ und $F_{p,k}^{nk}$ berücksichtigt werden, sind in diesem Fall mittels des interpartikulären Stressterms τ_P berücksichtigt.

Das in dieser Arbeit verwendete Modell von Harris und Crighton [61] definiert diesen wie folgt:

$$\tau_P = \frac{P_S \cdot \alpha_P{}^{\gamma}}{max\,[(\alpha_{CP} - \alpha_P),\, \varepsilon \cdot (1 - \alpha_P)]} \;. \tag{3.22}$$

Dabei beschreibt der Term α_P den Anteil der diskontinuierlichen Phase in einer Gitterzelle, während P_S und γ Konstanten sind. Die Berücksichtigung von Partikel-Partikel-Interaktionen auf die Partikelbewegung erfolgt demnach primär basierend auf der Feststoffbeladung in unmittelbarer Nähe eines Partikels. Dies ergibt sich aus der Gitterzelle, in dem ein Partikel vorliegt und ist damit einfach aus dem Eulerschen Netz zu berechnen. Eine große Limitierung des in dieser Arbeit verwendeten Modells von Harris und Crighton [61] ist, dass es keine Geschwindigkeitsdifferenzen zwischen einzelnen Partikeln vor dem Stoß betrachtet, was bei einer Bewertung der Ergebnisse einbezogen werden muss. Eine detaillierte Implementierung und Berechnung der einzelnen Grundschritte der MP-PIC-Methode liefert der Quellcode von OpenFOAM 6.0 und die Arbeit von Caliskan [60].

3.2.3 Modellierung der Rotation des Sichtrads

Für die numerische Berechnung von sich bewegenden Bauteilen stehen zwei Alternativen zur Verfügung. Die erste Variante, die in der Software Umgebung OpenFOAM als Dynamic Mesh Methode bekannt ist, hat den Vorteil, die Rotation eines Bauteils realitätsgetreu und damit genauer darzustellen. Das sich drehende Bauteil rotiert dabei im Bezugssystem mit, während stehende Wände an ihrer Stelle verweilen. Da bei der Finiten-Volumen-Methode (FVM) zur Lösung der Gleichungen das Berechnungsgebiet in kleine Volumina diskretisiert wird und die Approximation der Gleichungen über Oberflächen- und Volumenintegrale erfolgt, müssen die Gitterpunkte zweier benachbarten Gitterzellen stets übereinanderliegen. Dies ist aufgrund der Rotation eines Teils des Strömungsgebiets nicht gegeben, weshalb eine Austauschfläche zur Übergabe der Informationen wie

Geschwindigkeit und Druck an die Nachbarzelle erfolgt. Damit sich drehende Gitterzellen nicht in statische Zellen bewegen, hat die Austauschfläche in der Regel eine zylindrische Form. Vor allem die permanente Interpolation zwischen drehenden und statischen Gitterzellen macht die Simulation sehr zeitintensiv, weswegen die zweite Variante, die im Englischen als Multiple Reference Frame (MRF) bezeichnet wird, beliebter ist. Wie dem Namen zu entnehmen ist, arbeitet diese Variante mit verschiedenen Bezugssystemen, nämlich einem statischen und einem dynamischen. Im dynamischen Bezugssystem sind zusätzliche Volumenkräfte für Zentrifugal- und Corioliskraft in die Euler-Gleichungen integriert. Eine rotierende Wand erhält demnach in Abhängigkeit zur Drehachse und Drehzahl eine tangentiale Geschwindigkeit. Das Gitter bewegt sich nicht, wodurch auch keine Austauschfläche zwischen den beiden Bezugsystemen erforderlich ist und deutlich Rechenzeit eingespart wird. Allerdings ist das Gitter in einer fixen Position eingefroren. Dadurch sind keine instationären Effekte berücksichtigt und die Winkelposition des drehenden Bauteils zur stehenden Wand ist für jeden Zeitschritt identisch. In den meisten ingenieurstechnischen Anwendungen ist die Verwendung der MRF-Variante ausreichend, da vor allem die stationäre Lösung interessant und die Auswirkungen der Winkelposition auf das Strömungsprofil gering ist. Im Rahmen dieser Arbeit wurden beide Varianten getestet. Da kein Interesse an An- oder Abschaltvorgängen eines Sichters vorlag, lieferte die MRF-Variante bei deutlich reduzierter Rechenzeit und höherer numerischer Stabilität zufriedenstellende Ergebnisse. Auch in der Literatur findet ausschließlich die MRF-Variante Anwendung [24-33].

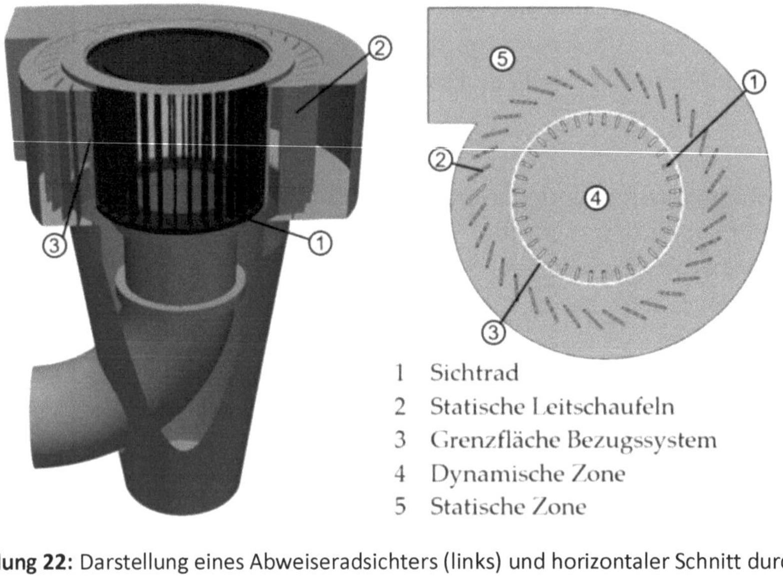

Abbildung 22: Darstellung eines Abweiseradsichters (links) und horizontaler Schnitt durch den Abweiseradsichter zur Darstellung der Bezugssysteme (rechts).

Allerdings verlangt der Einsatz der MRF-Variante bei der Kalkulation der Bewegung eines Partikels eine Anpassung. Dies liegt daran, dass rotierende Wände sich im dynamischen Bezugssystem nicht drehen, also an einer fixen Position eingefroren sind. Ein Partikel, das sich beispielsweise demnach zwischen zwei sich drehenden Sichtradschaufeln bewegt, darf sich also nur mit der relativen Geschwindigkeit zu rotierenden Wänden bewegen. Als Beispiel sind die beiden Bezugssysteme zur Berechnung der Partikelbewegung schematisch in Abbildung 22 skizziert.

Wie zu sehen ist, schließt die dynamische Zone (4) eng an das Sichtrad (1) an. Die Berechnung der Bewegung eines Partikels erfolgt im dynamischen Bezugssystem nur mit relativen Geschwindigkeiten, während im statischen absolut gerechnet wird. Dringt ein Partikel vom statischen Bezugssystem in das dynamische Bezugssystem ein, ist eine Anpassung der aktuellen Geschwindigkeit des Partikels erforderlich. Zusätzlich ist auch bei der Bilanzierung von Partikel-Partikel- und Partikel-Wand-Wechselwirkungen eine bezugssystemabhängige Betrachtung notwendig. Der Aufbau des numerischen Algorithmus unterliegt dem beschriebenen Prinzip.

3.2.4 Turbulenzmodellierung

Aufgrund von hohen Geschwindigkeiten im Inneren des Sichters, die auf die Rotation des Sichtrads zurückgehen, ist das Strömungsprofil eines Abweiseradsichter vom Auftreten von Verwirbelungen geprägt. Dieses Verhalten ist typisch für turbulente Strömungen. Die Turbulenz ist ein zufälliges, instationäres, dreidimensionales Phänomen, bei dem Fluidteilchen mit unterschiedlichem Impulsgehalt in Kontakt kommen. Die Interaktion dieser Teilchen ist ein dissipativer Prozess, bei dem kinetische Energie in innere Energie umgewandelt wird und damit in Form von Wärme der Strömungsenergie verloren geht [47]. Die auftretenden Wirbel zerfallen in der Regel von großen in kleinere Wirbelstrukturen, wodurch Wirbel unterschiedlicher Größen in einer Strömung vorliegen. Zur mathematischen Beschreibung der Turbulenz stehen drei verschiedene Gruppen zur Verfügung, die genauste Beschreibung ist hierbei die Direkte Numerische Simulation (DNS). Die DNS löst alle enthaltenen Wirbel in der Strömung auf. Um zu gewährleisten, dass auch die kleinsten Wirbelstrukturen beschrieben werden, findet eine Auflösung des Strömungsgebiet bis in die kleinste Energieskala statt. Ein Maßstab zur Beurteilung von turbulenten Wirbeln liefert zum Beispiel die Kolmogorov-Skala. Die Verwendung der DNS erfordert sehr feine Gitter und ist schon für kleine Strömungsgebiete sehr rechenintensiv. Für technische Systeme wie den Abweiseradsichter ist diese Methode deshalb nicht geeignet. Die Grobstruktursimulation, im Englischen Large Eddy Simulation (LES), stellt einen Mittelweg zwischen der DNS und der dritten Gruppe, der Reynolds-gemittelten

Navier-Stokes-Gleichungen (RANS), dar. Die LES löst größere Wirbelstrukturen durch das Rechengebiet auf, während für kleinere Wirbel Modelle zum Einsatz kommen. Zur weiteren Vertiefung der Grobstruktursimulation sei auf Fröhlich verwiesen [62]. Die RANS handhabt die Turbulenz ausschließlich mit Modellen. Dabei wird ausgenutzt, dass jede skalare oder vektorielle Variable in einer Strömung über einen zeitgemittelten Wert und einer statistischen Schwankung darstellbar ist. Beispielhaft ist das in Gleichung 3.23 für den Geschwindigkeitsvektor ausgeführt, der sich aus einem zeitlich gemittelten Anteil $\bar{v}_i$ und der Schwankung v'_i zusammensetzt:

$$\vec{v}_i = \bar{v}_i + v'_i \tag{3.23}$$

Überträgt man diesen Zusammenhang auf die Navier-Stokes-Gleichung, ergibt sich ein zusätzlicher Term. Dieser zusätzliche Term τ_f ist der Reynolds-Spannungstensor, der sich in Gleichung 3.2 wiederfindet. Der Reynolds-Spannungstensor ist ein symmetrischer Tensor und lässt sich mittels sechs Komponenten beschreiben. Eine ausführliche Herleitung liefert die Arbeit von Wilcox [63]. Für die Lösung der Impulsgleichung sind zusätzliche Schließbedingungen für den Reynolds-Spannungstensor erforderlich. Zur Lösung dieser stehen eine Reihe von Ansätzen zur Verfügung. Eine Möglichkeit ist der Ansatz der Wirbelviskosität, bei der der Reynolds-Spannungstensor infolge der Boussinesq-Approximation wie folgt aussieht:

$$\tau_f = -\rho_F \cdot \overline{v_i' v_j'} = -2 \cdot \eta_t \cdot S_{ij} + \frac{2}{3} \cdot \rho \cdot k \cdot \delta_{ij} \,. \tag{3.24}$$

Dabei beschreibt η_t die Wirbelviskosität, S_{ij} die mittlere Scherrate, k die turbulente kinetische Energie und δ_{ij} den Kronecker Delta. Das Kronecker Delta ist ein Einheitsvektor mit den Komponenten $i = j \;\; S_{ij} = 1$ und $i \neq j \;\; S_{ij} = 0$. Für die Wirbelviskosität stehen Null, Ein- und Zweigleichungsmodelle zur Verfügung. Alle Modelle unterliegen der Annahme, dass die Wirbelviskosität ausschließlich die Ausbreitung von isotropen Wirbeln unterstützt.

Infolge der verbesserten Rechenleistung finden heutzutage primär Zweigleichungsmodelle Anwendung. Die zwei bekanntesten sind das k_t, ε_t-Modell und das k_t, ω_t-Modell. Neben der turbulenten kinetischen Energie k_t steht das ε_t für die Dissipationsrate der kinetischen Energie, während ω_t die spezifische Dissipationsrate beschreibt. Den Zusammenhang zwischen den beiden Dissipationsraten liefert die kinetische Energie zu:

$$\omega_t = \frac{\varepsilon_t}{k_t} \,. \tag{3.25}$$

In dieser Arbeit finden zwei verschiedene Modelle Anwendung. Dies sind das von Menter [64] entwickelte k_t, ω_t-SST Modell und das k_t, ε_t-Modell. Das von Menter entwickelte Modell ist eine Kombination beider Modelle, da es im wandnahen Bereich die Turbulenz mittels der spezifische Dissipationsrate ω_t und im wandfernen Bereich dagegen mit der Dissipationsrate ε_t arbeitet.

Die Anwendung der Turbulenzmodelle ist primär an den dimensionslosen Wandabstand des Mittelpunkts der Gitterzelle an der Wand gekoppelt, der sich zu:

$$y^+ = \frac{y \cdot u_\tau}{v_F} \tag{3.26}$$

mit der darin enthaltene Schubspannungsgeschwindigkeit u_τ

$$u_\tau = \sqrt{\frac{\tau_W}{\rho_F}} \tag{3.27}$$

berechnet. τ_W beschreibt darin die Schubspannung, y den Abstand des Mittelpunkts der Gitterzelle und v_F die kinematische Viskosität des Fluids. Das k_t, ω_t-SST Modell verlangt eine Auflösung der viskosen Unterschicht und damit einen dimensionslosen Wandabstand des Mittelpunkts der Gitterzelle an der Wand von $y^+ < 5$, während für das k_t, ε_t-Modell ein Wert von $30 < y^+ < 300$ zu empfehlen ist.

3.2.5 Geometrie und Gittererstellung

Der folgende Abschnitt beschäftigt sich genauer mit der Vernetzung der Geometrie der untersuchten Abweiseradsichtern. Die Lösung der mathematischen Gleichungen mit Hilfe der FVM verlangt eine Aufteilung des Rechengebiets in kleine Volumina, sogenannte Gitterzellen. Sowohl die numerische Stabilität als auch die Genauigkeit der Lösung ist abhängig von der Qualität des Gitters, da die Integration über Oberflächen- und Volumenintegrale der Gitterzellen erfolgt. Deshalb ist bereits bei der Erstellung der Geometrie darauf zu achten, Problemstellen zu vermeiden. Unter Problemstellen fallen kleinere Flächen, die zusammengeführt und geglättet werden, da vor allem scharfe Kanten die Gitterqualität deutlich reduzieren. Zusätzlich empfiehlt es sich, gewisse Bereiche des untersuchten Abweiseradsichters zu vereinfachen, um stabilere Simulationen durchführen zu können. So ist der Sichtspalt zwischen drehendem Sichtrad und stehender Gehäusewand in der Simulation vernachlässigt worden, da eine Auflösung dieses anteilig sehr kleinen Bereichs eine sehr hohe Gitterzellenanzahl verlangt und der Einfluss auf das Ergebnis nicht relevant ist. In der Praxis ist es möglich, dass durch diesen Spalt Spritzkorn, also sehr grobe Partikel, ins Feingut gelangen. Um Spritzkorn zu vermeiden, wird häufig Sperrluft eingesetzt. Bei den hier durchgeführten Experimenten sind keine Anzeichen auf Spritzkorn im Feingut zu erkennen, weshalb die Vernachlässigung des Sichtspalts gerechtfertigt ist. Des Weiteren sind kleinere Flächen zusammengelegt worden, um die Gitterzellenanzahl zu reduzieren und die Qualität des Gitters weiter zu verbessern.

Bei der Vernetzung, also der Einteilung der Geometrie in Gitterzellen, stehen verschiedene Gitterarten zur Verfügung. Diese umfassen strukturierte und unstrukturierte Gitter. Unstrukturierte Gitter wie beispielweise Tetraeder zeichnen sich durch eine gute Adaption an die Geometrie und kontrolliertes Zellgrößenwachstum aus. Allerdings sind sie numerisch sehr diffus, instabil und verursachen aufgrund der höheren Anzahl an Elementen eine höhere Rechenzeit. Strukturierte Gitter bestehen vorwiegend aus Hexaedern und vernetzen die Geometrie mit deutlich weniger Gitterzellen. Ihre Erstellung ist allerdings aufgrund der schlechteren Adaption der Hexaeder an die bestehende Geometrie deutlich aufwendiger. Als Hauptkriterium für die Auswahl der Gitterart spielt neben der Zeit vor allem die bereits erwähnte Gitterqualität eine Rolle. Zur Bewertung dieser stehen verschiedene Parameter zur Verfügung. Die wichtigsten sind dabei die orthogonale Qualität, die Schräge benachbarter Gitterzellen sowie die Seitenverhältnisse einer Gitterzelle. Unterschreitet ein Gitter vorgegebene Toleranzwerte, erhöht sich das Risiko für einen Abbruch der Simulation. Die Toleranzwerte sind dabei abhängig von der verwendeten Software, weshalb zur weiteren Vertiefung auf das Softwarepaket OpenFOAM verwiesen wird. Zur tiefergehenden Recherche über bestehende Gitterarten und Qualitätsparameter empfiehlt sich [47].

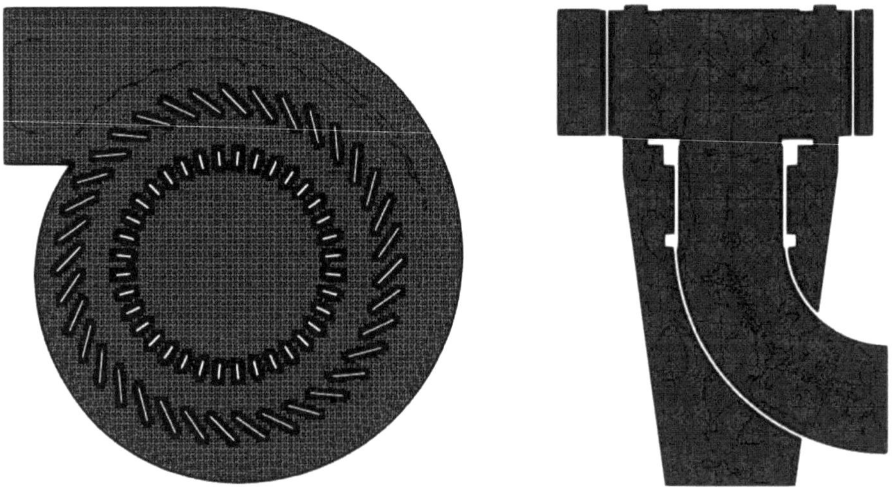

Abbildung 23: Horizontaler Querschnitt (links) und vertikaler Schnitt (rechts) eines mit dem OpenFOAM Vernetzter SnappyHexMesh erstellten Sichters.

Tabelle 2: Gitterzellenanzahl für die Gitterunabhängigkeitsstudie und durchschnittlicher dimensionsloser Wandabstand für die wandnahen Gitterzellen.

Gitterregion	**Gitterzellenanzahl x 10^6**			$\overline{y}^+$
	Grob	**Mittel**	**Fein**	
Statische Zone	1,8	2,7	3,6	9,5
Dynamische Zone	5,6	8,8	11,7	10,1
Gesamt	7,4	11,5	15,3	

Die größten Geschwindigkeitsgradienten treten in einem Abweiseradsichter vorwiegend im Sichtrad und an den Wänden auf. Zusätzlich ist vor allem der Bereich zwischen den Sichtradschaufeln relevant, da in dieser Zone die Klassierung der Partikel erfolgt und eine gute Wandauflösung erforderlich ist. Daraus ergibt sich für diese Bereiche eine feinere Auflösung, weshalb die dynamische Zone deutlich feiner vernetzt ist. Auf der linken Seite von Abbildung 23 ist beispielhaft ein Gitter bei einem horizontalen Querschnitt durch den Abweiseradsichter dargestellt. Als Vernetzungstool dient der Vernetzer von OpenFOAM SnappyHexMesh, der vorwiegend ein aus Hexaeder bestehendes Gitter mit Prismenlayer an den Wänden erstellt. Kleinere Spalte wie der Bereich zwischen zwei Schaufeln werden mit mindestens 8 Zellen aufgelöst. Zur Vermeidung eines Gittereinflusses auf die numerische Lösung empfiehlt sich ein Vergleich dreier unterschiedlich feiner Gitter.

Das Gitter wird dabei so weit verfeinert, bis eine gitterunabhängige Lösung erreicht wird. In Tabelle 2 ist der Vergleich für den in Kapitel 3.1 beschriebenen Drehkorbsichter mit sichtradnaher Partikelaufgabe und einen Außendurchmesser des Sichtrads von 0,32 m dargestellt.

3.2.6 Randbedingungen und Initialisierung

Die Randbedingungen in den Simulationen stimmen mit den in Experimenten eingestellten Massenströmen überein. Dazu ist am Lufteingangsstutzen ein gleichmäßiger Luftstrom mit konstantem Volumenstrom und Temperatur basierend auf Experimenten vorgegeben. An der Austrittsstelle der Luft wird ein relativer Druck von 0 mbar festgeschrieben. Um Auswirkungen der starken Verwirbelungen im Inneren des Sichters auf das Austrittsprofil zu vermeiden, ist die Austrittsstelle der Luft in einiger Entfernung zum Sichter. Partikelein- oder auslässe, die in den Experimenten aufgrund von Zellenradschleusen luftdicht arbeiten, sind in der Simulation als stehende Wände deklariert. Die Feststoffaufgabe erfolgt in der Simulation mit einer geringen negativen Geschwindigkeit von -0,5 m/s gleichmäßig über die Feststofffläche. Je nach Simulation wird eine repräsentative Anzahl an Paketen berücksichtigt. Die aufgegebene Feststoffmenge ist gleich der Menge in den Experimenten. Die Partikelanzahl entspricht aber aufgrund des Paketansatzes außer bei CFD-DEM-Simulationen nicht der eigentlichen Anzahl an Partikeln. Die Partikelverteilungen in den Experimenten und Simulation sind aber identisch. Alle stehenden Wände besitzen die Randbedingung für keinen Schlupf. Für Partikel-Wand-Stöße ist der Restitutionskoeffizient vorgegeben. Ein Restitutionskoeffizient $e_n = 0$ entspricht einem vollständig plastischen Stoß, ein Koeffizient von 1 einem vollständig elastischen Stoß. Der Restitutionskoeffizient für Partikel mit stehenden Wänden beträgt $e_n = 1$, für Stöße mit dem Sichtrad wird ein Stoß von $e_n = 0{,}3$ verwendet. Mit diesen Werten stellt sich die beste Übereinstimmung zwischen Experiment und Simulation ein. Experimentelle Untersuchungen von M. Weers [65] mit Hilfe der PIV-Methode beweisen, dass der angenommene Wert realistisch ist. In seinen Untersuchungen stellen sich in Abhängigkeit der Sichtraddrehzahl und damit unterschiedlichen relativen Geschwindigkeit zwischen Sichtrad und Partikel für einen Kalkstein Restitutionskoeffizienten von 0,25 bis 0,35 ein.

In den Simulationen werden verschiedene Drehzahlen des Sichters untersucht. Aus Stabilitäts- und Zeitgründen erfolgt immer erst eine Ermittlung einer stationären Lösung, bevor instationäre Zeiteffekte und die Partikelzufuhr initialisierbar sind. Bei sehr hohen Drehzahlen empfiehlt es sich, die Drehzahl langsam zum gewünschten Wert zu erhöhen.

3.2.7 Aufbau des Lösers und Lösungsschema

OpenFOAM ist ein auf C+ basierende und freizugängliche Bibliothek zur numerischen Lösung von kontinuumsmechanischen und strömungstechnischen Fragestellungen basierend auf der FVM. Die zur Lösung des Strömungsfelds eines Abweiseradsichters aufgestellten Gleichungen beinhalten keine direkte Kopplung zwischen Geschwindigkeits- und Druckfeld. Deshalb kommt zur Lösung der Gleichungen ein Druckkorrekturverfahren zum Einsatz, bei dem der Druck zu Beginn eines neuen Zeitschritts abgeschätzt wird, dann die Berechnung des Geschwindigkeitsfelds erfolgt und anschließend der neue Druck ausgehend von der Massenerhaltung errechnet wird. Die Berechnung aller Geschwindigkeitskomponenten und des Drucks findet so lange statt, bis ein vorgegebenes Konvergenzkriterium erreicht ist. Zur Konvergenz sind Werte von kleiner 10^{-4} erforderlich.

In OpenFOAM sind für die Druckkorrektur verschiedene Algorithmen verfügbar. Der hier eingesetzte Algorithmus ist der PIMPLE-Algorithmus. Dieser ist eine Verknüpfung des Semi-Implicit Method für Pressure Linked Equations (SIMPLE)- und Pressure Implicit with Split Operator (PISO)-Verfahren. Der SIMPLE-Algorithmus kommt ausschließlich bei der Simulation von stationären Strömungsfeldern zum Einsatz, während der PISO-Algorithmus ein instationäres Lösungsschemata ist. Die Kombination beider Verfahren, also der PIMPLE-Algorithmus, erlaubt die Unter-Relaxation aller Variablen wie beim SIMPLE, wodurch eine höhere numerische Stabilität und schnellere Konvergenz erreichbar ist. Zum Einstellen der Zeitschrittweite dient die Courant-Friedrichs-Lewy (CFL)-Zahl. Sie stellt ein Maß dar, um wie viele Gitterzellen sich eine betrachtete Größe pro Zeitschritt ausbreitet [47, 6665]. Eine sehr geringe CFL-Zahl führt zu sehr geringen Zeitschrittweiten, eine hohe CFL-Zahl zu numerischer Instabilität. Die CFL-Zahl ist so gewählt, dass die numerische Lösung keine Abhängigkeit zu der CFL-Zahl aufweist. Aufgrund der hohen Geschwindigkeiten- und Druckgradienten im Inneren des Sichters fällt die CFL-Zahl sehr klein aus. Die maximale CFL-Zahl beträgt in den Simulationen $Co = 0{,}1$.

In OpenFOAM existiert kein eigener Löser auf der Basis eines rotierenden Bezugssystems für die Rotation des Sichtrades und die Berücksichtigung von Partikel-Partikel-Kollisionen. Deshalb ist eine Neuentwicklung eines Lösers basierend auf den in den vorangegangenen Kapiteln beschriebenen Gleichungen erforderlich. Der Aufbau des Lösers ist schematisch in Abbildung 24 dargestellt. Die Abbildung stellt ausschließlich Berechnungsschritte des numerischen Algorithmus zusammen, auf die Darstellung von Schreib-, Kopier- oder Übertragungsschritten wie beispielweise die Berechnung der Turbulenz wird verzichtet. Zusätzlich steht der dargestellte Aufbau für zwei entwickelte Algorithmen.

Wie in Kapitel 3.2.2 bereits erwähnt, kommen zwei unterschiedliche Methoden, nämlich die CFD-DEM und die MP-PIC Methode, bei der Berechnung von Partikel-Partikel-Kollision zur Anwendung. Die Methoden unterscheiden sich grundlegend bei der Kalkulation von Partikel-Interaktionen, weshalb zwei verschiedene Bibliotheken in OpenFOAM hinterlegt sind. Dies ist auf die Verwendung von verschiedenen Partikel-Parametern bei den beiden Modellen zurückzuführen. Der zeitliche Ablaufplan der einzelnen Schritte ist allerdings bei den Methoden identisch. Die eigentliche Zeitschleife zur Berechnung aller Komponenten in einem Zeitschritt besteht stets aus einer zuerst ausgeführten Lagrangian-Schleife und einer nachfolgenden Euler-Schleife.

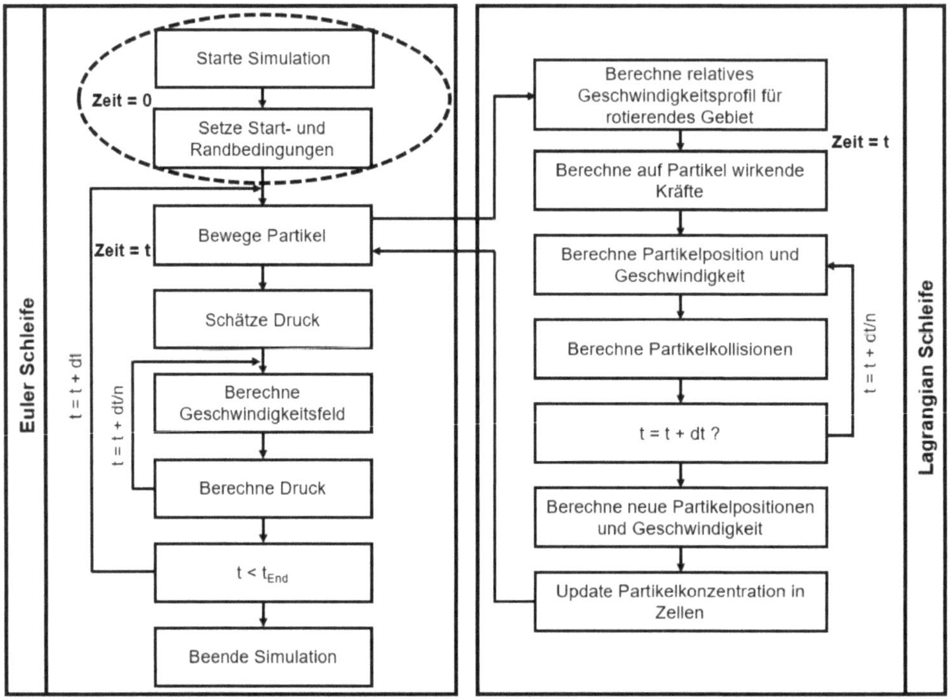

Abbildung 24: Aufbau des entwickelten numerischen Algorithmus.

In der Euler-Schleife erfolgt die Berechnung der kontinuierlichen Phase und in der Lagrangian-Schleife die Bestimmung der Partikelbewegung. Nach dem Starten der Simulation werden die Anfangswerte und Randbedingungen aller Komponenten sowie aller notwendigen Informationen des Gitters in der Datenstruktur verzeichnet. Anschließend liest die Lagrangian-Schleife die aktuellen Partikelpositionen und Geschwindigkeiten ein und berechnet daraus alle wirkenden Kräfte. Dabei wird zwischen der statischen und dynamischen Zone unterschieden. Je nach Bereich unterscheiden sich die Geschwindigkeiten und wirkenden Kräfte auf die Partikel. Nach der Berechnung der Kräfte ist eine Bestimmung der neuen Partikelposition und Geschwindigkeit möglich. Bei der Kalkulation der Partikelbewegung muss nun auch eine mögliche Partikel-Partikel-Kollision einbezogen werden. Die Einbindung variiert dabei je nach verwendeter Methode. Bei der MP-PIC Methode ergibt sich die Partikel-Partikel-Kollisionen in Abhängigkeit der Partikelkonzentration in der Gitterzelle. Bei der CFD-DEM erfolgt eine Abschätzung, ob es in Abhängigkeit der Partikelbahnen zu einem Stoß kommt. Im Anschluss stehen die neuen Positionen und Geschwindigkeiten der Partikel fest und können für die Aktualisierung der Partikelkonzentration in den einzelnen Gitterzellen verwendet werden.

Daran anknüpfend erfolgt die Berechnung der Euler-Schleife, bei der die Navier-Stokes-Gleichungen für den aktuellen Zeitschritt mit Hilfe des PIMPLE-Algorithmus gelöst werden. Wie bereits oben erwähnt, findet die Berechnung von Druck- und Geschwindigkeitsfeld dabei sequentiell und in mehreren Schleifen statt. Die Anzahl der Berechnungsschleifen ist beim PIMPLE-Algorithmus wählbar und hat direkten Einfluss auf die Rechenzeit und Genauigkeit der Lösung. Lagrangian und Euler-Schleife wiederholen sich so oft, bis die Zielzeit erreicht ist.

4 Validierung[1]

Dieses Kapitel beschäftigt sich mit der Validierung des numerischen Models, wofür wie bereits erwähnt zwei kleine und ein größerer Betriebssichter zur Verfügung stehen. Die Validierung hat das Ziel, die Genauigkeit des numerischen Modells zu bewerten. Dazu erfolgt ein Vergleich mit Daten aus experimentellen Versuchen der Vergleichsanlagen. Als Bewertungsgrößen dienen der statische Druckverlust über der Anlage sowie die Trenneigenschaften des Sichters. Des Weiteren findet ein Vergleich des Strömungsprofils mit Daten aus der Literatur statt.

4.1 Gegenstrom-Drehkorbsichter als Einzelsichter

4.1.1 Experimentelle und numerische Parameter

Die nachfolgenden Ergebnisse stammen von Untersuchungen am in Kapitel 3.1.1 beschriebenen Sichter der Fa. Gebrüder Pfeiffer. In den für die Validierung herangezogenen Experimenten variiert der Gasvolumenstrom im Bereich von 2600 bis 3000 m^3/h, die Sichtrad-Drehzahl im Bereich von 0 bis 2000 U/min und die Sichteraufgabemenge von 0 bis 4000 kg/h. Bei dem verwendeten Material handelt es sich um den Dolomit mit einem Wert von $x_{50,3} = 150\,\mu m$, dessen Eigenschaften und Partikelgrößenverteilung in Kapitel 3.1.2 nachzulesen sind. Auch die Messverfahren und Messstellen zur Bestimmung von Druckverlust und Trenneigenschaften sind bereits an früherer Stelle in dieser Arbeit, nämlich in Kapitel 3.1.1, aufgeschlüsselt worden:

Bei den numerischen Simulationen sind der Volumenstrom, die Drehzahl und die Aufgabemenge stets gleich zu denen in den Experimenten. Das verwendete Gitter ist das

[1] Inhalte dieses Kapitels sind in den folgenden Referenzen veröffentlicht und mit der Erlaubnis der Fachzeitschrift Processes für diese Dissertation angepasst:

Betz, M., Gleiss, M., Nirschl, H., „Effects of Flow Baffles on Flow Profile, Pressure Drop and Classification Performance in Classifiers“, Processes, (2021).

aus ca. 11.5 Millionen Elementen bestehende mittlere Gitter aus Tabelle 2. Gitterunabhängigkeitsstudien und die Gitterqualität erzielen zufriedenstellende Ergebnisse, weshalb die verwendete Feinheit des Gitters ausreichend ist. Als Turbulenzmodell kommt das k_t, ω_t-SST Modell zum Einsatz, da es wie besprochen eine gute Übereinstimmung mit Experimenten liefert. Außerdem werden in den Untersuchungen zwei numerische Löser verglichen. Der erste Löser berücksichtigt keine Partikel-Partikel-Stöße, während der zweite Löser diese mit Hilfe der MP-PIC-Methode löst. Eine Anwendung der CFD-DEM ist nicht möglich, da diese für eine 3D-Geometrie zu rechenintensiv ist. Überdies ist bei den Simulationen der Feststoffeinlass und der Grobgutauslass vereinfacht worden, um die Rechenzeit zu reduzieren.

4.1.2 Ergebnisse

Eingangs wurde bereits dargestellt, dass für die Bewertung der Effizienz eines Sichters vor allem der Druckverlust und die Trenneigenschaften des Sichters die dominierenden Größen sind. Es empfiehlt sich deshalb diese beiden Größen genauer zu untersuchen. Bevor nun die Ergebnisse der Validierung vorgestellt werden, sei noch einmal die Bedeutung der Validierung an sich hervorgehoben. Eine Validierung ist erforderlich, da sowohl experimentelle als auch numerische Daten möglichen Fehlerquellen unterliegen. Deshalb ist es erforderlich, zu testen, wie gut ein numerisches Modell die Realität widerspiegelt. Eine Einordnung über die Größe der Fehlerquellen für Experiment und Numerik ist also für die Bewertung der Ergebnisse von größter Wichtigkeit.

Mögliche Fehlerquellen in den Experimenten resultieren aus Betriebsschwankungen aufgrund einer ungleichmäßigen Verteilung des Aufgabeguts sowie inneren Anhäufungen von Material oder turbulenten und instationären Effekten der Strömung. Des Weiteren verfälscht auch die Probenahme das Ergebnis. Bereits Doerfler [67] betont, dass sich Fehler bei der Probenahme auch nicht durch sorgfältige Analyse ungeschehen machen lassen, vielmehr sind statistische und systematische Fehler zu überprüfen. Aber auch die Numerik unterliegt gewissen Ungenauigkeiten. Hier sind vier Fehlerarten zu unterschieden [47, 666666]. Die erste Fehlerart ist der Modellfehler, der aus der Differenz zwischen tatsächlicher Lösung der realen Fragestellung und des mathematischen Modells resultiert. Zweitens existieren Diskretisierungsfehler, die aufgrund der Diskretisierung zur Lösung der numerischen Gleichungen auftreten. Als dritte Fehlerart sind Fehler aufgrund von Iterationsschritten zusammengefasst. Die vierte Fehlerart stellen Programm- und Anwendungsfehler dar. Diese ergeben sich aus einer fehlerhaften Programmierung der Software oder der falschen Anwendung dieser.

Tabelle 3: Durchschnittlicher Druckverlust, Standardabweichung und relativer Fehler in Abhängigkeit des Volumenstroms und der Drehzahl in den Experimenten.

Volumenstrom in m³/h		**Drehzahl in U/min**				
		0	**500**	**900**	**1500**	**2000**
2600	Druckverlust in mbar	6,4	7,8	15,7	23,8	37,5
	Standardabweichung in mbar	0,5	0,9	1,5	1,8	2,1
	Relativer Fehler in %	7,8	11,5	9,5	7,5	5,6
3000	Druckverlust in mbar	8,8	10,2	16,8	28,0	40,4
	Standardabweichung in mbar	0,6	1	1,5	1,8	2,2
	Relativer Fehler in %	6,8	9,8	8,9	6,4	5,4

Bei der Validierung ist also in einem ersten Schritt zu klären, wie groß der Fehler in den Experimenten ist. Dazu ist in Tabelle 3 der durchschnittlich gemessene statische Druckverlust, die Standardabweichung und der relative Fehler für zwei Volumenströme im Leerlauf, das heißt ohne Partikelbeladung, angegeben. Zur Bestimmung der Standardabweichung dienen fünf Wiederholungsmessungen. Der relative Fehler ergibt sich aus dem Verhältnis von Standardabweichung und Mittelwert. Aus der Tabelle geht hervor, dass der relative Fehler des gemessenen Druckverlusts zwischen 5 und 11 % schwankt.

In einem zweiten Schritt erfolgt der Vergleich zwischen experimentellen und numerischen Daten, um Aussagen über die Genauigkeit des numerischen Modells zu ermitteln. Diese findet sich in der linken Darstellung von Abbildung 25. Hier sind der Druckverlust aus Experiment und Simulation für verschiedene Drehzahlen und Volumenströme einander gegenübergestellt. Die Standardabweichung ist mittels Fehlerbalken berücksichtigt. Der Vergleich zeigt, dass der berechnete Druckverlust in der Regel kleiner ist als experimentell bestimmte Werte. Die maximale Abweichung zwischen Experiment und Simulation beträgt 10,2 %. Der berechnete Druckverlust liegt zwar nicht innerhalb der Standardabweichung aus den Experimenten, allerdings ist die Abweichung hinreichend klein und erreicht für die Komplexität des Abweiseradsichters zufriedenstellend genaue Werte.

In der Literatur [26, 31, 47] ist darauf verwiesen, dass eine Abweichung von < 15 % für den Druckverlust ein ausgezeichnetes Ergebnis für die Validierung eines numerischen Modells darstellt.

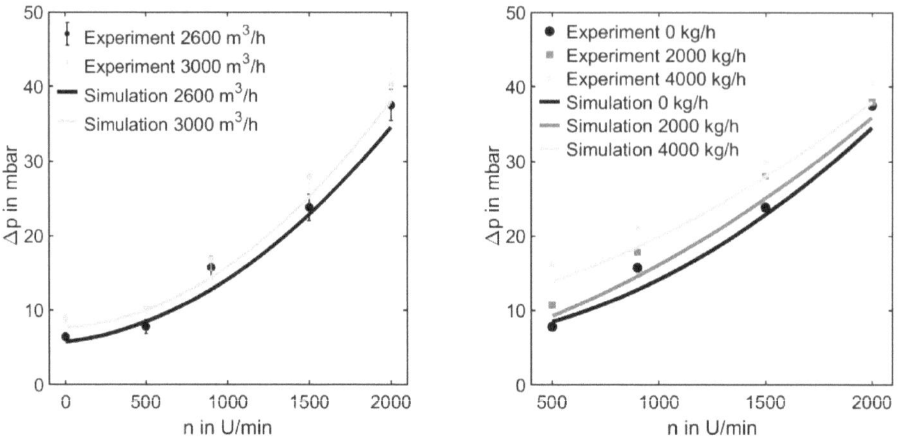

Abbildung 25: Vergleich des Druckverlusts zwischen Experiment und Simulation bei verschiedenen Volumenströmen im Leerlauf (links) und verschiedenen Sichteraufgabemengen (rechts).

Mögliche Ursachen für die Abweichung zwischen Experiment und Simulation sind neben den oben bereits genannten Fehlerquellen auch bei der Modellierung der Turbulenz anzusiedeln, da das verwendete k_t, ω_t-SST Turbulenzmodell die hochturbulente Strömung im Inneren des Sichters nur modelliert und nicht vollständig auflöst. Dies ist aber ein akzeptabler Kompromiss, da genauere Turbulenzmodellierungen beispielsweise mit DNS oder LES den höheren Aufwand nicht rechtfertigen bzw. nicht möglich sind. Auch die Wiedergabe des kumulativen Anstiegs des Druckverlusts mit steigender Drehzahl stützt die These, dass sich das verwendete numerische Modell für die Simulation eines Abweiseradsichters eignet.

Die Validierung des numerischen Modells für partikelbeladene Simulationen findet sich in der rechten Darstellung von Abbildung 25. Dabei variiert die Aufgabemenge zwischen 0 kg/h, 2000 kg/h und 4000 kg/h bei einem Volumenstrom von 2600 m³/h. Im Vergleich zu Leerlaufmessungen nimmt die relative Abweichung des Druckverlusts zwischen Experiment und Simulation bei partikelbeladenen Strömungen leicht zu. Allerdings liegen die Abweichungen mit einem maximalen Wert von < 15 % weiterhin im moderaten Bereich. Da die berechneten Werte bei allen Einstellungen den Druckverlust unterschätzen, ist mit der Einführung eines Korrekturfaktors eine Anpassung der berechneten Werte möglich.

Die zweite zur Validierung des numerischen Modells herangezogene Größe ist die Trenngradkurve des Sichters. Die Validierung erfolgt dabei nach gleichem Prozedere, sodass zu Beginn eine Bestimmung der Standardabweichung experimenteller Messungen erfolgt. Dafür dienen erneut fünf Wiederholungsversuche. Zusätzlich steht auch der Einfluss der Probennahme im Fokus. Auf eine Darstellung wird in der Folge verzichtet, da der Einfluss der Probenahme im Vergleich zu den Betriebsschwankungen gering ist. Auf der linken Seite von Abbildung 26 finden sich aber die experimentellen Trenngradkurven mit der dazugehörigen Standardabweichung als Fehlerbalken.

Die Trenngradkurven beziehen sich auf eine Aufgabebeladung von 2000 kg/h und eine Drehzahl von 900 U/min bei zwei Volumenströmen. Auffällig ist, dass die Trenngradkurven bei einem Volumenstrom von 2600 m^3/h den Fish-Hook Effekt aufweisen, während bei einem höheren Volumenstrom keine kleinen Partikel ins Grobgut gelangen. Die maximale relative Standardabweichung tritt bei der Beschreibung des Fish-Hook Effekts auf und liegt bei bis zu 60 %. Eine Ursache für die hohe Standardabweichung ist, dass der Massenanteil der feinen Partikel im Grobgut sehr gering ist und sich kleinere Massenänderungen an feinen Partikeln aufgrund von Betriebsschwankungen stark in der Berechnung ausdrücken. Vernachlässigt man den Fish-Hook Effekt, sind die maximalen relativen Standardabweichungen im Bereich des x_{50} und liegen bei < 15 %. Für die Trennschärfe κ liegt eine geringere relative Standardabweichung vor.

Der Vergleich der Trenngradkurven zwischen Experiment und Simulation findet sich auf der rechten Seite in Abbildung 26.

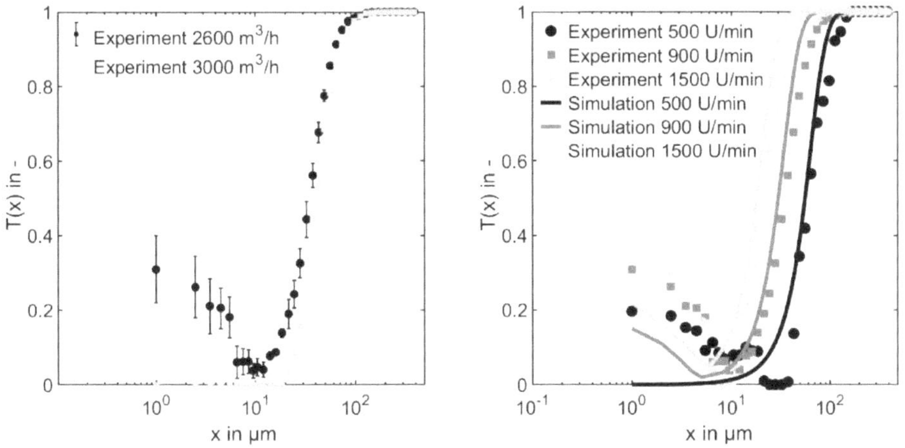

Abbildung 26: Experimentelle Trenngradkurven bei zwei verschiedenen Volumenströmen mit Standardabweichung (links) und Vergleich der Trenngradkurven zwischen Experiment und Simulation (rechts).

Die Trenngradkurven beziehen sich auf eine Aufgabebeladung von 2000 kg/h und einen Volumenstrom von 2600 m^3/h unter Variation der Drehzahl. Die Auftragung des Trenngrads erfolgt einfach logarithmisch über der Partikelgröße. Bei den Simulationen kommt der numerische Algorithmus zum Einsatz, der Partikel-Partikel-Stöße mit Hilfe der MP-PIC-Methode modelliert. Demnach erfolgt keine direkte Auflösung jedes einzelnen Stoßes, da dies für dreidimensionale Untersuchungen am Sichter zu rechenintensiv ist. In der Folge sind die Unterschiede zwischen Experiment und Simulation genauer analysiert.

Es ist auffällig, dass die berechnete Trenngradkurven einen steileren Kurvenverlauf als die experimentellen Verläufe aufweisen. Das bedeutet, dass die Trennschärfe κ in der Simulation einen größeren Wert hat und der Sichter demnach in der Simulation besser trennt. Vermutlich ist dies auf die Modellierung der Partikel-Partikel-Interaktionen zurückzuführen. Hieraus lassen sich zwei grundlegende Nachteile der verwendeten MP-PIC-Methode ableiten:

Erstens berücksichtigt die Methode nur in geringem Maße den Einfluss unterschiedlicher Partikelgeschwindigkeiten vor einer Kollision und hat damit eher die Wirkung, Geschwindigkeiten zweier kollidierender Partikel zu homogenisieren. In der Realität ist es aber durchaus möglich, dass Partikel durch einen Zusammenstoß mit anderen Partikeln oder dem drehenden Sichtrad eine höhere Radialgeschwindigkeit nach innen erhalten. Dadurch können auch große Partikel, die eigentlich am Sichter abgewiesen werden, ins Feingut gelangen. Des Weiteren modelliert die MP-PIC Methode einen Partikel-Partikel-Stoß. Der reale Stoßprozess ist ein sehr komplexer Vorgang, der Partikel jeglicher Größe je nach Stoßwinkel, Partikelform oder -geschwindigkeit in unterschiedliche Richtungen ablenkt. Zusätzlich sind auch die Simulationszeiten deutlich kürzer als die Versuchszeiten, weshalb der Einfluss von Betriebsschwankungen in der Simulation nicht erfasst sind. Zusätzlich zeigt der Vergleich, dass das numerische Modell ähnliche x_{50}-Werte wie das Experiment berechnet. Wie zu erwarten, stellen sich bei steigenden Drehzahlen immer kleinere Trenngrenzen ein, wodurch der Kurvenverlauf nach links wandert.

Tabelle 4: Vergleich der Trenngrenze zwischen Experiment und Simulation bei verschiedenen Drehzahlen.

Drehzahl des Sichters in U/min	**Experiment x_{50} in µm**	**Simulation x_{50} in µm**	**prozentuale Abweichung in %**
500	62	56	9,7
900	35	30	14,3
1500	21	18	14,3

Dies ist auf die größere Zentrifugalkraft bei schneller drehendem Sichtrad zurückzuführen. Die genauen Zahlenwerte für den x_{50} und die prozentualen Abweichungen zwischen Experiment und Simulation sind in Tabelle 4 aufgeführt. Die maximale prozentuale Abweichung zwischen Experiment und Simulation ist mit < 15 % zwar größer als die aus den Wiederholungsmessungen ermittelte relative Standardabweichung der Experimente, liefert aber über einen großen Betriebsbereich eine zufriedenstellende Genauigkeit für die Trenngrenze des Sichters.

Nachfolgend soll auf die Reproduktion des Fish-Hook Effekts in den Simulationen gegenüber den Experimenten eingegangen werden. Der Fish-Hook Effekt basiert auf der Ansammlung von feinen Partikeln im Grobgut. Wie in späteren Untersuchungen in Kapitel 5 zu sehen sein wird, nimmt der Fish-Hook Effekt bei einer Erhöhung der Drehzahl oder der Aufgabebeladung sowie einer Reduktion des Volumenstroms zu. All diese Effekte führen zu einer Erhöhung der Feststoffbeladung vor dem Sichtrad, was die Ansammlung von feinen Partikeln im Grobgut scheinbar begünstigt. In Abbildung 27 sind die Trenngradkurven der Simulationsmethode ohne Berücksichtigung von Partikel-Partikel-Stößen und mit Berücksichtigung von Partikel-Partikel-Stößen mittels MP-PIC-Methode gegenüber gestellt. Die gezeigten Kurven beziehen sich auf einen Volumenstrom von 2600 m³/h, einer Aufgabebeladung von 4000 kg/h und eine Drehzahl von 2000 U/min. Bei diesen Betriebsbedingungen ist der Fish-Hook-Effekt in den Experimenten besonders stark ausgeprägt.

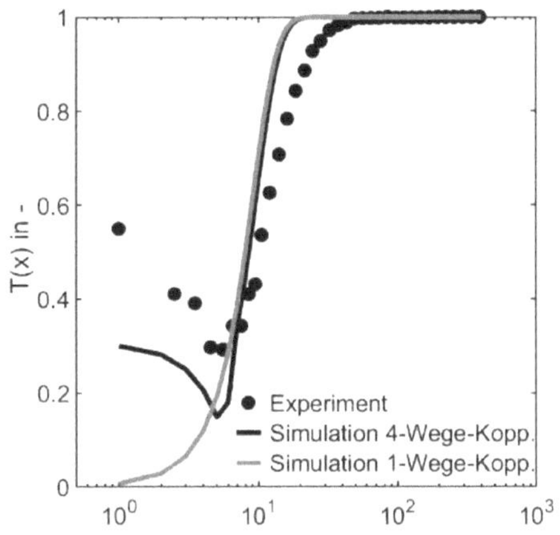

Abbildung 27: Trenngradkurven aus Experiment, Simulation mit Ein-Wege-Kopplung und Simulation mit Vier-Wege-Kopplung mit Hilfe der MP-PIC Methode bei einem Volumenstrom von 2600 m³/h, einer Aufgabebeladung von 4000 kg/h und einer Drehzahl von 2000 U/min.

Die Grafik zeigt, dass ohne die Berücksichtigung von Partikel-Partikel-Wechselwirkungen in der Simulation keine feinen Partikel im Grobgut landen, während eine Berücksichtigung von Partikel-Partikel-Interaktionen mittels MP-PIC-Methode den Fish-Hook Effekt zumindest in abgeschwächter Form abbildet. Demnach ist der Fish-Hook Effekt vermutlich auf Partikel-Partikel-Stöße zurückzuführen.

Zusammenfassend lässt sich sagen, dass das numerische Modell fähig ist, die Trenngrenze x_{50} mit einer Abweichung von < 15 % zu berechnen. Allerdings weisen die berechneten Trenngradkurven aufgrund des Modellierungsansatzes etwas steilere Trennschärfen κ auf. Für eine Berechnung von genaueren Trennschärfen κ ist wahrscheinlich eine genauere Modellierung von Partikel-Partikel-Stößen erforderlich. Dafür empfiehlt es sich speziell den Bereich zwischen zwei Sichtradschaufeln mit Hilfe der CFD-DEM genauer zu untersuchen. Für Untersuchungen des Fish-Hook Effekts ist das numerische Modell mit Berücksichtigung von Partikel-Partikel-Interaktionen mittels MP-PIC-Methode empfehlenswert, da dieses den Effekt zumindest in abgeschwächter Form widerspiegelt. Steht ausschließlich die Berechnung der Trenngrenze im Vordergrund, liefert auch das numerische Modell ohne die Berücksichtigung von Partikel-Partikel-Stößen zufriedenstellend genaue Ergebnisse. Eine weiterführende Analyse für die Ursache des Fish-Hook Effekts folgt im nächsten Kapitel.

4.2 Gegenstrom-Drehkorbsichter auf Vertikalmühle

Ein grundlegendes Ziel dieser Arbeit ist die Optimierung der geometrischen Struktur des Abweiseradsichters im Hinblick auf die Kenngrößen Druckverlust und Trenngrenze mit Hilfe der CFD. Das verwendete numerische Modell muss deshalb sensitiv genug sein, um Auswirkungen geometrischer Änderungen auf die Kenngrößen zu erfassen. Unter geometrische Änderungen fallen zum einen kleine Änderungen wie die Form des Sichtradschaufelprofils oder die Größe des Tauchrohrdurchmessers, zum anderen sind größere Änderungen wie Bautypenvariationen auf den Scale-up durch das numerische Modell abzubilden. Es empfiehlt sich deshalb die im vorangegangenen Kapitel vorgenommene Validierung an einem zweiten Abweiseradsichter zu wiederholen. Der Abgleich basiert erneut auf dem Vergleich von Simulation und Experiment für den Druckverlust und die Trenneigenschaften des Sichters.

4.2.1 Experimentelle und numerische Parameter

Die experimentellen Untersuchungen finden an zwei Drehkorbsichtern unterschiedlicher Größe statt, die direkt oberhalb einer Vertikalmühle angeordnet sind. Die Integration der beiden Sichter in den Gesamtprozess sowie eine ausführliche Beschreibung der Sichter und der Anordnung der Messstellen sind in Kapitel 3.1.1 zu finden. Der kleine Sichter hat einen Sichtradaußendurchmesser von 0,22 m. Zur Detektion des Grobguts ist eine Förderschnecke im Griesekonus des Sichters installiert. Dadurch steht das Grobgut, das bei der realen Betriebsweise erneut dem Mahlprozess zugeführt wird, zu Analysezwecken zur Verfügung. Bei den Experimenten kommt als Feststoff der Dolomit mit $x_{50,3} = 150\ \mu m$ zum Einsatz. Die Eigenschaften und Partikelgrößenverteilungen sind in Kapitel 3.1.2 aufgeführt. Eine Zerkleinerung des Aufgabeguts durch die im unteren Bereich der Anlage angebrachten Mahlwalzen findet nicht statt, um eine bekannte Aufgabegutverteilung zu gewährleisten. In den Experimenten liegt ein konstanter Volumenstrom von 1000 m^3/h vor. Drehzahl und Aufgabe des Materials variieren bei den Versuchen zwischen 0 und 600 U/min und 0 bis 1000 kg/h. Bei den Versuchen kommen verschiedene Sichträder zum Einsatz. Diese sind hinsichtlich des Anstellungswinkels der Sichtradschaufeln zu unterscheiden und variieren von – 20° bis + 20° im Anstellwinkel und einer Gesamtanzahl von 48 und 60 Schaufeln. Exemplarisch ist in Abbildung 28 ein Sichtrad mit 48 radialen Schaufeln skizziert. Der Anstellwinkel α bezieht sich auf die Drehrichtung des Sichters, die im Uhrzeigersinn erfolgt. Die geometrische Definition des Anstellungswinkels findet sich ebenfalls in Abbildung 28. Hier ist ein positiver Anstellungswinkel dargestellt. Die Simulationen finden bei identischem Volumenstrom, Drehzahl und Aufgabemenge wie in den Experimenten statt. Die Erstellung des Gitters erfolgt mit dem OpenFOAM Vernetzter SnappyHexMesh, das verwendete Gitter besteht aus knapp 13 Millionen Elementen. Als Turbulenzmodell kommt das k_t, ω_t-SST Modell zum Einsatz.

Der für die Experimente genutzte größere Sichter hat einen Sichtradaußendurchmesser von 1,6 m. Während des Betriebs ist es nicht möglich das Grobgut aus der Anlage abzuführen, wodurch keine Erstellung von Trenngradkurven für den Sichter möglich ist. Eine Bewertung der Trenneigenschaften ist demnach nur anhand des Feinguts möglich. Bei den Untersuchungen am großen Sichter stehen zwei verschiedene Puzzolane zur Verfügung. Genauere Informationen zu den Eigenschaften des Materials sind in Kapitel 3.1.2 aufgeführt. Der Volumenstrom variiert bei den Untersuchungen im Bereich von 43500 und 63000 m^3/h, die Drehzahl im Bereich von 135 und 500 U/min und die Aufgabemenge im Bereich von 5 und 20 t/h. Im Gegensatz zum kleinen Sichter findet in der Mahlzone eine Zerkleinerung statt, sodass die dem Sichter zugeführte Partikelverteilung des Aufgabeguts nicht bekannt ist. In den Simulationen ist eine fiktive Partikelverteilung vorgegeben. Auch bei dem großem Sichter werden zwei verschiedene Sichträder verglichen.

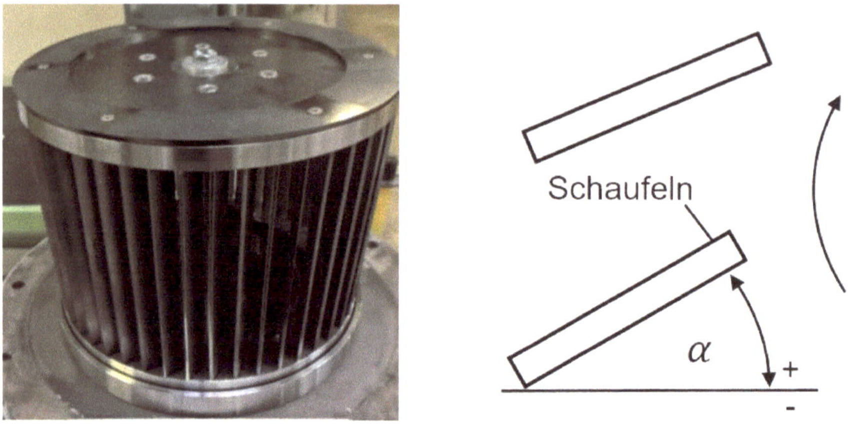

Abbildung 28: Sichtrad mit 48 radialen Schaufeln (links) und Skizze zum Anstellungswinkel der Schaufeln (rechts).

Sie unterscheiden sich ausschließlich im Hinblick auf den Innenraum des Sichters, wo alternativ zwölf gleichgroße Segelflächenelemente integriert sind. Die Erstellung des Gitters erfolgt erneut mit dem OpenFOAM Vernetzter SnappyHexMesh. Das verwendete Gitter besteht diesmal aus 17 Millionen Elementen. Als Turbulenzmodell kommt das k_t, ε_t-Modell zum Einsatz. Auch für den großen Sichter finden die Untersuchungen ohne Betrachtung von Partikel-Partikel-Wechselwirkungen statt. Um die Trenneigenschaften des Sichters zu bewerten, wird in der Simulation Fein- und Grobgut detektiert.

4.2.2 Ergebnisse

Die Validierung des numerischen Modells anhand des oberhalb der Mühle angeordneten Drehkorbsichters findet nach gleichem Prozedere statt. Zur Validierung dienen erneut der statische Druckverlust und die Trenneigenschaften des Sichters. Zu Beginn findet eine Einschätzung über die Qualität der experimentell gemessenen Werte statt. Auch hier sind fünf Wiederholungsmessungen zur Einschätzung des Messfehlers durchgeführt worden. In Abbildung 29 ist der durchschnittliche Druckverlust bei einem Volumenstrom von 1000 m^3/h bei verschiedenen Drehzahlen und Anstellwinkeln der Schaufeln am kleinen Sichtrad skizziert. Die Standardabweichung ist mittels Fehlerbalken aufgetragen. Die relative Standardabweichung ist für alle gemessenen Werte kleiner als 5 %. Zusätzlich sind in der Abbildung auch die berechneten Druckverluste skizziert.

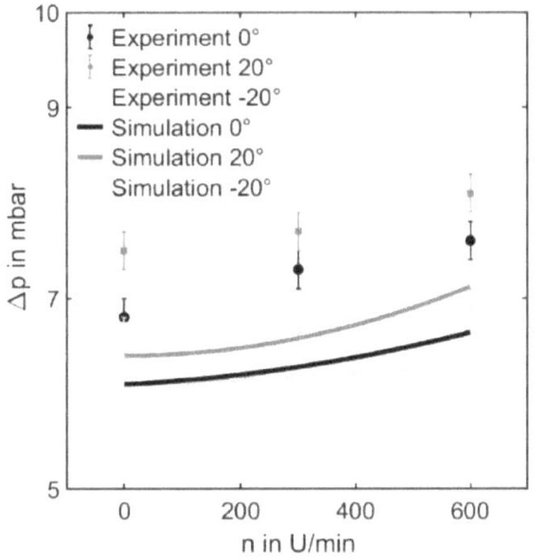

Abbildung 29: Vergleich des statischen Druckverlusts in Experiment und Simulation bei verschiedenen Schaufelanstellwinkeln α. Definition in Abbildung 28.

Der größte Druckverlust stellt sich bei einer positiven Winkelanstellung der Schaufeln ein, während der geringste Druckverlust bei einer negativen Anstellung auftritt. Die Druckverluständerung in Abhängigkeit zur Drehzahl ist allgemein gering. Es fällt auf, dass das numerische Modell den Druckverlust generell um etwa 10 - 15 % unterschätzt. Eine ähnliche Abweichung ist bereits beim Einzelsichter beobachtet worden, da das verwendete Turbulenzmodell die hochturbulente Strömung im Inneren des Sichters nicht vollständig abbilden kann. Nichtsdestotrotz spiegeln auch die Simulationen wider, dass der größte Druckverlust bei einer positiven Anstellung auftritt und der geringste bei einer negativen Anstellung. Das numerische Modell ist demnach fähig, die Auswirkungen von Winkeländerungen an den Schaufeln des Sichtrads auf den Druckverlust abzubilden. Mittels eines Korrekturfaktors können berechnete Werte angepasst werden. Nachfolgend erfolgt ein Abgleich des Trennverhaltens des Sichters in Experiment und Simulation. Auf der linken Seite von Abbildung 30 sind die durchschnittlichen Trenngradkurven in den Experimenten mit ihrer Standardabweichung zu sehen. Die dargestellten Kurven beziehen sich auf eine Drehzahl von 300 U/min bei drei unterschiedlichen Anstellwinkeln der Schaufeln am Sichtrad.

Generell ist die Beschleunigung bei einer Drehzahl von 300 U/min deutlich geringer als beim Einzelsichter, weshalb die Trenngradkurvenverläufe deutlich weiter rechts verlaufen. Deshalb tritt bei diesen Einstellungen kein Fish-Hook Effekt auf. Die maximal auftretende relative Standardabweichung liegt bei 17 %.

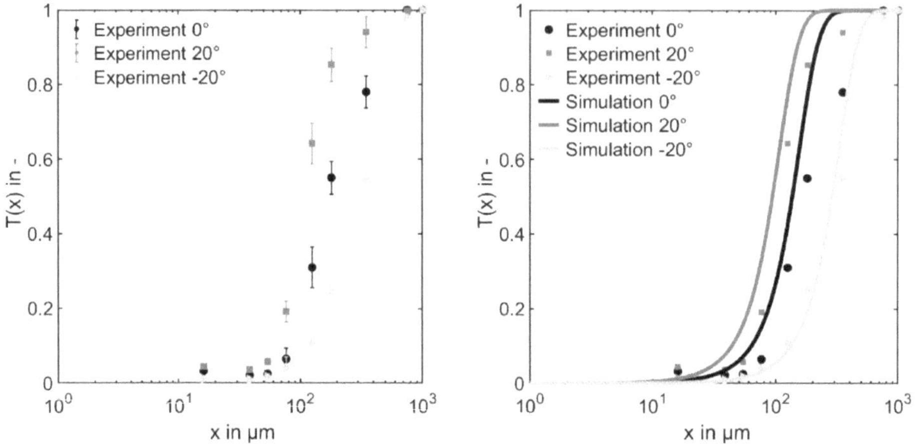

Abbildung 30: Experimentelle Trenngradkurven mit Standardabweichung (links) und Trenngradkurven in Experiment und Simulation bei verschiedenen Schaufelanstellwinkeln (rechts).

Generell schwanken die Messwerte etwas mehr, was vermutlich auf die Partikelaufgabe zurückzuführen ist. Der Vergleich von experimentellen und berechneten Trenngradkurven befindet sich in der rechten Darstellung von Abbildung 30. Alle dargestellten Trenngradkurven beziehen sich auf einen Volumenstrom von 1000 m^3/h, eine Aufgabemenge von 1000 kg/h und eine Drehzahl von 300 U/min. Es werden wie bereits beim Druckverlust drei verschiedene Sichträder mit - 20°, 0° und + 20° Anstellungswinkel miteinander verglichen. Sowohl in den Experimenten als auch in der Simulation weist der Sichter mit einer positiven Anstellung der Sichtradschaufeln die beste Trenngradkurve auf, während der Sichter mit negativer Anstellung am schlechtesten trennt. Erneut haben die berechneten Trenngradkurven steilere Kurvenverläufe. Wie die experimentellen Kurven zeigen, gelangen im Bereich von $T(x) <$ 0,95 sehr viele grobe Partikel ins Feingut. Dies bildet die Simulation nicht ab, was vermutlich auf die fehlerhafte Berücksichtigung von Partikel-Partikel-Wechselwirkungen zurückzuführen ist. In der Realität können grobe Partikel nach einem Stoß ins Innere gelangen. Ein qualitativer Vergleich für die Trenngrenze $x_{50,3}$ zwischen Experiment und Simulation der verschiedenen Sichträder ist in Tabelle 5 skizziert. Die maximale prozentuale Abweichung zwischen Experiment und Simulationen beträgt 15,2 % und liegt damit innerhalb der Messunsicherheit der Experimente. Zudem zeigen die Simulationen ebenso wie die Experimente, dass das Sichtrad mit positiver Winkelanstellung das feinste Produkt erzielt.

Tabelle 5: Vergleich der Trenngrenze $x_{50,3}$ zwischen Experiment und Simulation bei verschiedenen Anstellwinkeln der Sichtradschaufeln.

Anstellung der Sichtradschaufeln	**Experiment** $x_{50,3}$ **in µm**	**Simulation** $x_{50,3}$ **in µm**	**prozentuale Abweichung in %**
+ 20°	108	94	13,0
0°	158	136	14,0
- 20°	310	288	7,1

Nachfolgend wird die Validierung des numerischen Modells an einem größeren Sichtrad mit einem Außendurchmesser von 1,6 m beschrieben. Die Validierungsmessungen beziehen sich auf zwei Betriebspunkte. Der erste Betriebspunkt ist durch einen Volumenstrom von 63000 m^3/h, eine Drehzahl von 135 U/min und eine Aufgabemenge des Puzzolans von 20 t/h gekennzeichnet. Beim zweiten Betriebspunkt weist der Sichter eine Drehzahl von 500 U/min auf, der Volumenstrom beträgt 43500 m^3/h und die Aufgabemenge des Puzzolans ist 5 t/h. Während der Versuche findet eine Zerkleinerung des Aufgabematerials in der unterhalb angeordneten Mühle statt. Zusätzlich ist keine Messung des Grobguts möglich. Eine Bewertung des Trennverhaltens ist deshalb ausschließlich durch einen Vergleich der beiden Betriebspunkte und zweier Geometrien realisierbar. Dazu stehen zwei Sichträder zur Verfügung, die sich hinsichtlich des Innenraums unterscheiden. An einem Sichter sind 12 Segelflächenelemente an der Welle montiert, die während des Betriebs mit dem Sichtrad rotieren. Das zweite Sichtrad hat keine Einbauten. Eine Darstellung des Sichters mit den Segelflächenelementen findet sich in Abbildung 31.

Abbildung 31: Sichtrad mit 12 Segelflächenelementen.

In Tabelle 6 und Tabelle 7 sind die gemessenen und berechneten Druckverluste für die beiden Betriebspunkte und Sichträder aufgeführt. Aufgrund der deutlich höheren Drehzahl ist der Druckverlust beim zweiten Betriebspunkt größer als bei den ersten Betriebsbedingungen. Auch hier weisen die berechneten Druckverluste für alle vier Einstellungen einen geringeren Wert auf. Die prozentuale Abweichung liegt mit 10 - 12 % im gleichen Bereich wie bei vorangegangen Untersuchungen in Kapitel 4.1. Des Weiteren ist das numerische Modell auch hier fähig abzubilden, dass das Sichtrad mit Segelflächenelementen einen geringen Druckverlust bei beiden Betriebspunkten verursacht.

Die Bewertung des Trennverhaltens des Sichters ist ausschließlich anhand einer Analyse des Feinguts möglich. Dabei lassen sich zwei Kenngrößen ermitteln. Dies ist zum einen der Blaine-Wert und zum anderen der massebezogene prozentuale Rückstandswert, der bei der Siebung bei einer bestimmten Siebgröße zurückbleibt. In Kapitel 2.3 erfolgt eine genauere Definition der beiden Kenngrößen. Generell gilt, je höher der Blaine-Wert oder je geringer der Anteil des prozentualen Rückstands auf einem 125 µm Sieb ist, desto höher ist die erzeugte Produktfeinheit. In Tabelle 8 und Tabelle 9 sind die Blaine-Werte und Rückstände auf einem 125 µm Sieb des Feinguts in den Experimenten bei beiden Betriebspunkten angegeben.

Tabelle 6: Vergleich des Druckverlusts zwischen Experiment und Simulation für Betriebspunkt 1 und die beiden Sichtradtypen.

Sichtertyp	**Druckverlust in mbar im Experiment**	**Druckverlust in mbar in Simulation**	**prozentuale Abweichung in %**
Ohne Segelflächenelemente	24,1	21,2	12,0
Mit Segelflächenelemente	21,0	18,8	10,5

Tabelle 7: Vergleich des Druckverlusts zwischen Experiment und Simulation für Betriebspunkt 2 und die beiden Sichtradtypen.

Sichtertyp	**Druckverlust in mbar im Experiment**	**Druckverlust in mbar in Simulation**	**prozentuale Abweichung in %**
Ohne Segelflächenelemente	33,2	29,8	10,2
Mit Segelflächenelemente	24,6	21,9	11,0

Tabelle 8: Blaine-Wert und Rückstand des Feinguts auf Sieb in Experiment bei erstem Betriebspunkt.

Sichtertyp	**Blaine Wert in cm²/g**	**Rückstand in % auf 125 µm**
Ohne Segelflächenelemente	3680	8,9
Mit Segelflächenelemente	3580	9,5

Tabelle 9: Blaine-Wert und Rückstand des Feinguts auf Sieb in Experiment bei zweitem Betriebspunkt.

Sichtertyp	**Blaine Wert in cm²/g**	**Rückstand in % auf 125 µm**
Ohne Segelflächenelemente	9005	0,7
Mit Segelflächenelemente	9275	0,4

Daraus geht hervor, dass der Sichter ohne Segelflächenelemente für den ersten Betriebspunkt einen höheren Blaine-Wert und geringere Rückstände auf dem Sieb für das Feingut bei gleicher Sichtraddrehzahl liefert. Demnach weist das Feingut eine weiter links liegende Partikelverteilung auf, was bedeutet, dass der Sichter ohne Segelflächenelemente feiner trennt. Beim zweiten Betriebspunkt ist die Drehzahl des Sichters deutlich höher, wodurch aufgrund größerer Zentrifugalkräfte ein viel feineres Produkt erzeugt wird. Dies spiegeln auch die Blaine und Rückstands-Werte wider. Der Blaine-Wert des Feingut ist mit einem Wert von über 9000 cm^2/g sehr hoch. Der Vergleich der Blaine- und Rückstands-Werte zeigt, dass für den zweiten Betriebspunkt der Sichter mit Segelflächenelementen nun ein feineres Produkt erzeugt.

In den Simulationen besteht die Möglichkeit, sowohl das abgewiesene Fein- als auch Grobgut zu detektieren und damit zu analysieren. Dadurch ist es möglich, für beide Sichter Trenngradkurvenverläufe zu erstellen. In Abbildung 32 sind diese für die beiden Betriebsbedingungen und Sichter über der Partikelgröße logarithmisch aufgetragen. In den Simulationen ist eine fiktive Partikelgrößenverteilung vorgegeben, da die in den Experimenten vorliegende Verteilung des Aufgabematerials aufgrund vorangegangener Mahlung nicht bekannt ist. Die Materialeigenschaften entsprechen den Eigenschaften des verwendeten Puzzolans, allerdings kann es aufgrund von internen Umläufen dazukommen, dass die in der Simulation aufgegebene Menge nicht der Realität in den Experimenten entspricht.

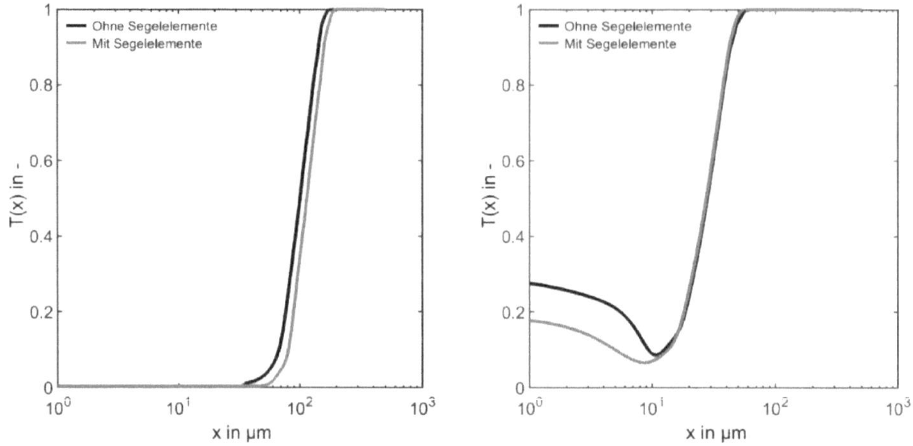

Abbildung 32: Vergleich der berechneten Trenngradkurven zwischen Sichtrad ohne und mit Segelflächenelementen. Betriebszustand 1 (links) und Betriebszustand 2 (rechts).

Zusätzlich ist davon auszugehen, dass die Klassierung des Sichters und der Mahlprozess sich indirekt beeinflussen. Demnach ist es möglich, dass bei den beiden Sichtern trotz identischer Betriebsbedingungen nicht die exakt gleichen Aufgabebedingungen am Sichtrad herrschen.

Ein Vergleich beider Grafiken in Abbildung 32 zeigt, dass die Trenngradkurven beim ersten Betriebszustand deutlich weiter rechts liegen als für den zweiten Betriebszustand. Dies ist realistisch, da die Drehzahl beim zweiten Betriebszustand deutlich größer ist und deshalb bereits bei den Experimenten ein deutlich feineres Produkt erzielt. Des Weiteren ist aus der Darstellung ersichtlich, dass für die ersten Betriebsbedingungen der Sichter ohne Segelflächenelemente eine leicht links liegende Trenngradkurve im Vergleich zum Sichter mit Segelflächenelemente aufweist. Demnach trennt der Sichter ohne Segelflächenelemente bei diesen Einstellungen minimal besser. Die berechneten Werte stützen daher die Ergebnisse aus den Experimenten. Für den zweiten Betriebspunkt stellen sich in der Simulation fast identische Trenngradkurven für die beiden Sichter ein. Dementsprechend zeigen auch die Simulationen, dass der Sichter mit Segelflächenelementen bei niedriger Drehzahl eine geringfügig schlechtere Trennwirkung hat, während sich mit steigender Drehzahl die Trenneigenschaften des Sichters mit Segelflächenelementen im Vergleich zum Sichter ohne Segelflächenelementen verbessern. Die Simulationen bestätigen damit sowohl für den Druckverlust als auch für die Trenneigenschaften des Sichters die Ergebnisse der Experimente.

4.3 Schlussfolgerung

Als Fazit dieses Kapitels lässt sich zusammenfassend sagen, dass die CFD-Simulationen die Analyse der strömungstechnischen Vorgänge in Abweiseradsichtern erlauben. Ein ausführlicher Vergleich zwischen Experimenten und Simulationen an zwei unterschiedlichen Sichtertypen und -größen zeigt, dass das numerische Modell den Druckverlust um 10 - 15 % unterschätzt. Ursache dafür ist das Turbulenzmodell, das das hochturbulente Strömungsprofil im Inneren des Sichters aufgrund des Modellierungsansatzes nicht vollständig beschreibt. Des Weiteren können auch Vereinfachungen an der Geometrie dafür verantwortlich sein. Da die Abweichungen stets in ähnlichen Größenordnungen sind, ist durch die Einführung eines Korrekturfaktors die Abweichung weiter reduzierbar. Für die berechnete Trenngrenze x_{50} beträgt die maximale relative Abweichung bezogen auf das Experiment 17 %, was zwar leicht außerhalb der mit Hilfe von Wiederholungsmessungen festgestellten Mess- und Betriebsschwankungen liegt, für die Komplexität des Trennvorgangs aber immer noch zufriedenstellend genau ist. Allerdings weisen die berechneten Trenngradkurven aufgrund des Modellierungsansatzes etwas steilere Trenngradkurven auf und die Trennschärfe κ ist größer. Für eine Berechnung von realitätsnahen Trennschärfen κ ist vermutlich eine genauere Modellierung von Partikel-Partikel-Stößen erforderlich. Nichtsdestotrotz kann mit der Anwendung der MP-PIC-Methode zur Berücksichtigung von Partikel-Partikel-Interaktionen der Fish-Hook Effekt zumindest in abgeschwächter Form wiedergegeben werden. Bei Simulationen ohne die Berücksichtigung von Partikel-Partikel-Stößen sammeln sich viel weniger feine Partikel im Grobgut an und der Fish-Hook Effekt tritt kaum oder gar nicht auf. Die Validierung untersucht neben Scale-up-Effekten auch kleinere geometrische Änderungen wie der Anstellwinkel der Schaufeln eines Sichtrad sowie Einbauten im Inneren des Sichters. Da auch in diesen Fällen das numerische Modell hinreichend genaue Ergebnisse erzielt hat, ist eine Optimierung der strömungstechnischen Vorgänge in einem Abweiseradsichter mittels CFD Simulationen möglich.

5 CFD-Simulation eines Abweiseradsichters[1]

Dieses Kapitel beschäftigt sich mit der detaillierten Analyse der Strömungsbedingungen sowie geometrischen Modifizierungen zur Reduktion des Druckverlusts und der Verbesserung der Trenneigenschaften in Abweiseradsichtern. Dabei ist die Optimierung der strömungstechnischen Vorgänge stets mit der Sichtradgröße, den Betriebsbedingungen sowie dem Durchsatz und der Feinheit des Zielprodukts gekoppelt. Geometrische Veränderungen, die für einen Betriebspunkt eine Reduktion des Druckverlusts bewirken, können bei abweichenden Betriebsbedingungen negative Auswirkungen haben. Ähnliche Effekte treten auch beim Scale-up eines Sichtrads auf. Dies erschwert das Formulieren von universell gültigen Maßnahmen und ist einer der Gründe für die große Bandbreite an Apparaten. Daher empfiehlt es sich, zu Beginn ein tieferes Verständnis für den Einfluss einzelner Betriebsparameter auf das Strömungsprofil zu entwickeln. Darauf aufbauend lassen sich dann Geometrieanpassungen einfacher erklären und ihre Auswirkungen auf Veränderungen der Betriebsbedingungen oder der Sichtradgröße verstehen.

Die strömungstechnischen Darstellungen erfolgen in zylindrischen Koordinaten. Die axiale Komponente ist dabei die Drehachse des Sichtrads. Die Drehung des Sichtrads ist bei allen Untersuchungen im Uhrzeigersinn, weshalb auch tangentiale Strömungskomponenten im Uhrzeigersinn stets ein positives Vorzeichen aufweisen. Radiale Geschwindigkeiten, die nach innen ins Zentrum gerichtet sind, sind mit einem negativen Vorzeichen versehen, während radiale Strömungen weg vom Zentrum durch ein positives Vorzeichen gekennzeichnet sind.

5.1 Generelles Strömungsprofil und Partikelbewegung in Sichtern

Die in dieser Arbeit untersuchten Sichter weisen alle ein ähnliches Strömungsprofil auf, weshalb die Beschreibung des Strömungsprofils ausschließlich am in Kapitel 3.1 vorgestellten Drehkorbsichter als Einzelsichter erfolgt. In Abbildung 33 ist das berechnete Strömungsprofil in einem vertikalen und horizontalen Schnitt durch den Sichter dargestellt. Beim horizontalen Schnitt befindet sich der Lufteinlass in der linken oberen Ecke. Hier strömt die Luft mit geringer Geschwindigkeit nach innen in das System. Die statischen Leitschaufeln, die leicht positiv angestellt sind, erzeugen im Anschluss die gewünschte Strömungsrichtung. Nach innen gerichtet nimmt die Geschwindigkeit der Luft zu, da das sich drehende Sichtrad die Strömung weiter beschleunigt und die zur Verfügung stehende Fläche mit sinkendem Radius kleiner ist. Die größten Geschwindigkeiten treten im Inneren des Sichters auf, fallen allerdings zum Zentrum hin wieder signifikant ab. Im vertikalen Schnitt ist zu erkennen, dass die Luft im Anschluss über den zentralen Auslass nach unten abgeführt wird. Abbildung 33 beschreibt ausschließlich die Gesamtgeschwindigkeit der Strömung, die wesentlich durch die tangentiale Geschwindigkeit geprägt ist.Folgende Darstellungen zeigen, dass es zwischen zwei Sichtradschaufeln auch zu einer Einschnürung des radialen Transports aufgrund von Wirbelbildung kommt. In Abbildung 8 und Kapitel 2.5.1 ist ein von Toneva [19] berechnetes Strömungsprofil sowie die Einteilung in drei Bereiche beschrieben.

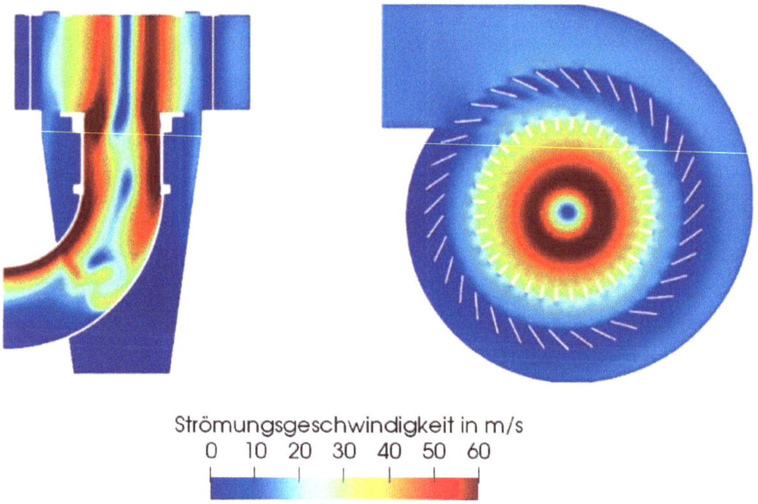

Abbildung 33: Berechnetes Strömungsfeld für das Geschwindigkeitsprofil im Sichtrad. Vertikaler Schnitt durch das Sichtrad (links) und horizontaler Schnitt durch die Mitte des Sichtrads (rechts).

Ein Vergleich beider Profile zeigt, dass sich das für Abweiseradsichter charakteristische Strömungsprofil auch in den hier durchgeführten Berechnungen ausbildet. Auch dies stützt die These, dass sich das numerische Modell für strömungstechnische Beobachtungen in Sichtern eignet.

Die Partikelaufgabe erfolgt beim Drehkorbsichter als Einzelsichter zwischen den statischen Leitschaufeln und dem Sichtrad. In Abbildung 34 sind die berechneten Partikelbahnen für drei Partikelklassen unterschiedlicher Größe im Sichter skizziert. Nach der Aufgabe beginnen die Partikel aufgrund der Gravitation nach unten zu sedimentieren. Gleichzeitig greift die Luftströmung diese auf und beschleunigt die Partikel auf eine tangentiale Bahn außerhalb des Sichtrads.

Je nach Partikelgröße erfolgt ein unterschiedlich schneller Transport in Richtung Sichtrad. Da die Partikel beim Eintritt zwischen zwei Sichtradschaufeln geringere Tangentialgeschwindigkeiten als das Sichtrad aufweisen, kollidieren sie mit der nacheilenden Schaufel. Kleinere Partikel gelangen dabei vor dem Stoß weiter nach innen, da aufgrund der Stokeszahl die Luftströmung die Partikel schneller beschleunigt.

Im Anschluss an den Stoß gelangen die kleinen Partikel nach innen, während grobe Partikel nach dem Stoßvorgang nach außen abprallen. Bevor grobe Partikel ins Grobgut sedimentieren, ist eine mehrfache Kollision mit dem Sichtrad möglich. Je größer ein Partikel ist, desto weiter ist die Beschleunigung nach außen, sodass auch Stöße mit dem inneren Bereich der statischen Leitschaufeln möglich sind.

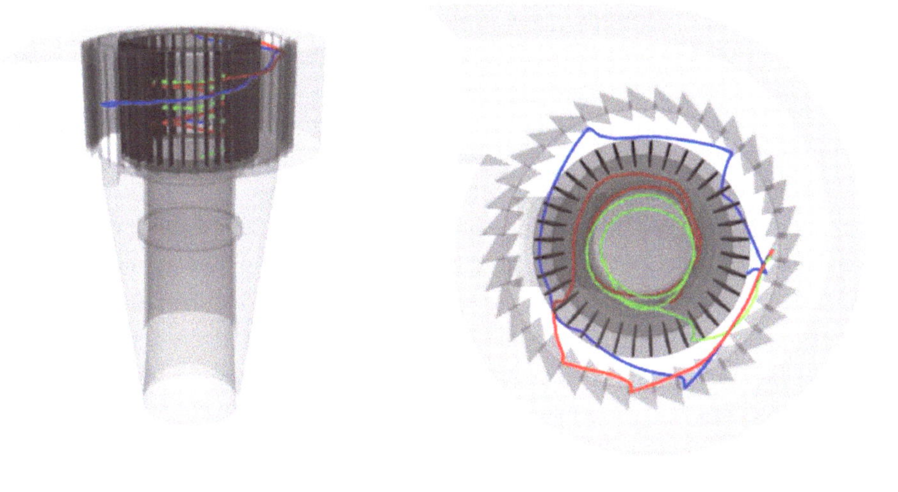

Abbildung 34: Berechnete Partikelbahnen für drei verschiedene Partikelgrößen: grün 10 µm, rot 40 µm, blau 80 µm. Blick von der Seite (links) und Draufsicht von oben (rechts) [46].

In der Praxis beobachtet man den größten Verschleiß am inneren Bereich der statischen Leitschaufeln sowie an der Außenkante des Sichtrads, was durch die berechneten Partikelbahnen gestützt wird. Die in den Innenraum des Sichters eintretenden Partikel bewegen sich auf einer Kreisbahn, bis sie nach unten ins Feingut gelangen.

Anders als nach Tonevas Einteilung [19] orientiert sich die Beschreibung der strömungstechnischen Vorgänge in dieser Arbeit mehr an der Partikelbewegung. Infolgedessen werden die Beobachtungen in drei neu definierten Bereichen beschrieben: Der erste Bereich befasst sich mit Abläufen vor dem Sichtrad, wo sich die am Sichtrad abgewiesenen Partikel ansammeln und auf einer Kreisbahn um das Sichtrad bewegen. Der zweite Beobachtungsbereich liegt zwischen den Sichtradschaufeln. Hier kommt es zur radialen Einschnürung der Luftströmung sowie zur Entscheidung, ob ein Partikel ins Grob- oder Feingut gelangt. Zuletzt beschreibt der dritte Bereich das schaufelfreie Innere des Sichters, in dem die höchsten Geschwindigkeiten auftreten, weshalb er hauptverantwortlich für den Druckverlust im Sichter ist. Die Partikel haben hier nur eine kurze Verweilzeit und werden schnell in Richtung Feingutauslass transportiert.

5.2 Operative Einflussgrößen

5.2.1 Einfluss der Drehzahl des Sichtrads

Die dominierende Stellgröße zum Erreichen der gewünschten Feinheit des Produkts ist die Drehzahl des Sichtrads. Laut Theorie nimmt die Umfangsgeschwindigkeit des Sichtrads mit steigender Drehzahl zu, was zu höheren Tangentialgeschwindigkeiten im Sichter und geringeren Trennkorngrößen führt. In

Abbildung **35** sind die berechneten tangentialen und radialen Geschwindigkeiten bei verschiedenen Drehzahlen zu sehen. Bei den dargestellten Profilen handelt es sich um einen horizontalen Schnitt in der Mitte des Sichters. Der Vergleich der Profile bei verschiedenen Drehzahlen zeigt, dass die tangentiale Geschwindigkeit mit steigender Drehzahl vor allem im zweiten und dritten Bereich stark zunimmt. Eine qualitative Bewertung der Zunahme der tangentialen Geschwindigkeit findet sich in Abbildung 36. Die linke Darstellung zeigt den Verlauf der tangentialen Geschwindigkeit zwischen zwei Sichtradschaufeln bei verschiedenen Drehzahlen. Sie ist nahezu konstant und hängt signifikant von der Wandgeschwindigkeit, also der Geschwindigkeit des Sichtrads, ab. Diese ist proportional zur Drehzahl des Sichters. In der rechten Darstellung ist der Verlauf der tangentialen Geschwindigkeit über dem Radius bei verschiedenen Drehzahlen abgebildet.

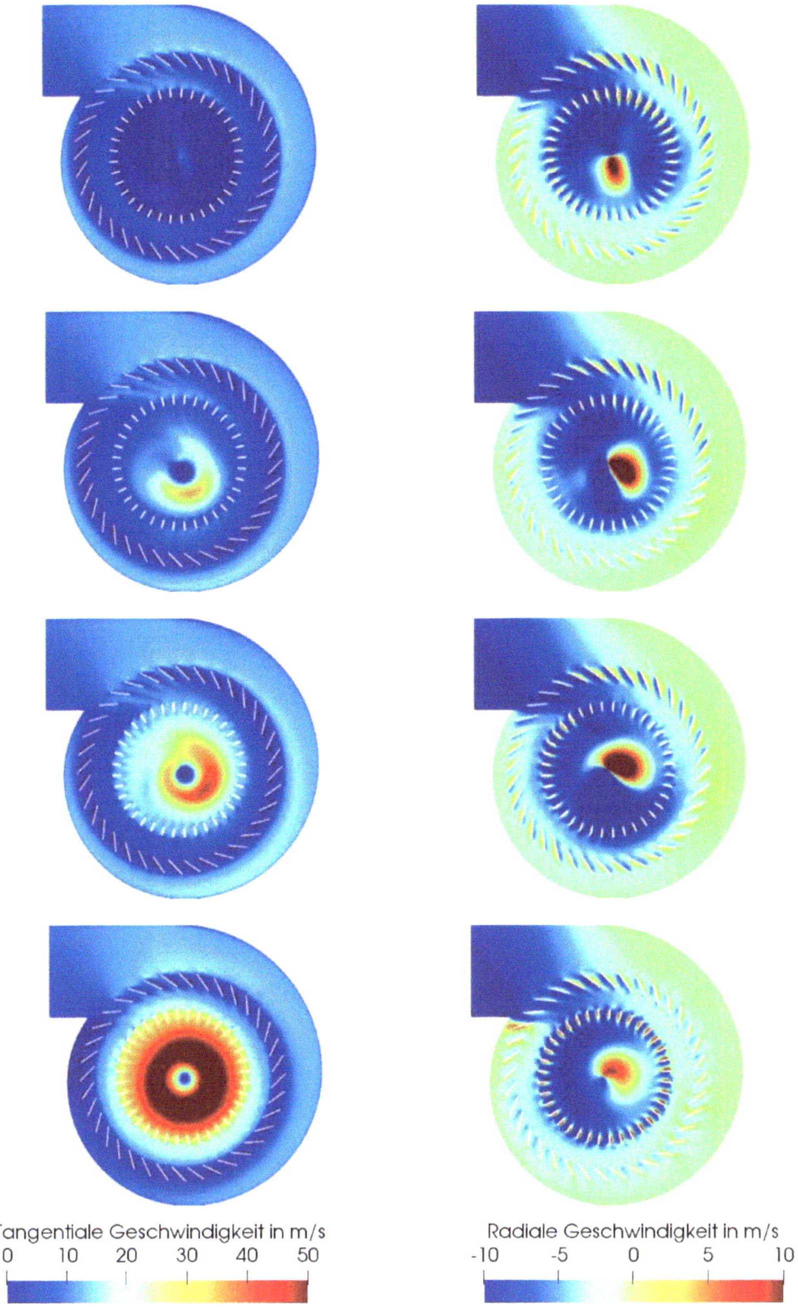

Abbildung 35: Berechnetes Strömungsfeld im Sichtrad bei 0, 500, 1000 und 2000 U/min bei einem horizontalen Schnitt durch die Mitte des Sichtrads. Tangentiales Geschwindigkeitsprofil (links) und radiales Geschwindigkeitsprofil (rechts).

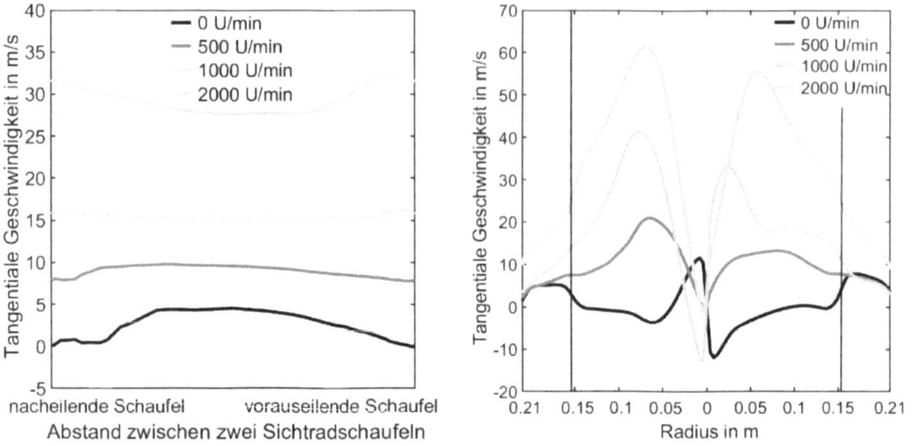

Abbildung 36: Tangentiale Geschwindigkeit zwischen zwei Sichtradschaufeln bei einem Radius von 0.15 m und verschiedenen Drehzahlen (links) sowie tangentiale Geschwindigkeit über dem Radius für verschiedene Drehzahlen (rechts).

Der Innenradius der statischen Leitschaufeln beträgt 0,21 m, der Außenradius des Sichtrads 0,16 m und der Innenradius 0,13 m. Vor dem Sichtrad wirken sich Veränderungen der Drehgeschwindigkeit des Sichtrads auf das Geschwindigkeitsprofil nur gering aus. Im schaufelfreien Innenbereich des Sichtrads hat die Drehzahl des Sichters aber einen großen Einfluss auf die Geschwindigkeit der Luft. Bei einer geringen Drehzahl von 500 U/min beträgt die maximale tangentiale Geschwindigkeit 21,7 m/s und liegt bei 0,066 m. Dies entspricht, bezogen auf den Außenradius des Sichtrads, einem dimensionslosen Radius von 0,4125. Bei einer sehr hohen Drehzahl von 2000 U/min steigt die tangentiale Geschwindigkeit im Innenbereich des Sichters auf mehr als 60 m/s an und erreicht die maximale Geschwindigkeit bei einem dimensionslosen Radius von 0,44. Demnach ist das Auftreten der maximalen tangentialen Geschwindigkeit stets bei einem ähnlichen Radius und von der Drehzahl unabhängig. In der Kernzone fällt die tangentiale Geschwindigkeit wieder deutlich ab und erreicht bei hohen Drehzahlen teils negative Werte. Dieser abrupte Geschwindigkeitsabfall führt zu einem großen Geschwindigkeitsgradienten. Der Kontakt von langsamen und schnellen Fluidelementen führt zu erhöhter Reibung und damit zur Dissipation von Energie in Form von Wärme. Dies resultiert in einem erhöhten Druckverlust. Die Strömungsprofile liefern damit eine Erklärung für die große Zunahme des Druckverlusts mit steigender Drehzahl, die bereits in Abbildung 25 qualitativ beschrieben worden ist. In Abbildung 37 sind die Konturen der statischen Druckprofile und der axialen Geschwindigkeiten im Sichter bei verschiedenen

Drehzahlen in einem horizontalen Schnitt durch die Mitte des Sichters dargestellt. Aus der Abbildung geht hervor, dass vor allem die hohen Geschwindigkeitsgradienten im schaufelfreien Innenraum des Sichtrads sowie die Umlenkung der Strömung zur Absaugung der Luft nach unten zu einem signifikanten Abfall des statischen Drucks führen. Demnach ist maßgeblich der innere Bereich des Sichters für den Druckverlust verantwortlich, während über die sich drehenden Sichtradschaufeln nur ein geringer Druckabfall zu beobachten ist.

Des Weiteren zeigen Abbildung 35 und Abbildung 37, dass der hier untersuchte Sichter wegen nur eines Lufteinlasses kein vollständig rotationssymmetrisches Strömungsprofil aufweist. Da die Luft den Weg des geringsten Widerstands zum Auslass wählt, kommt es vor dem Sichtrad auf Seiten des Einlasses zu höheren und auf der Rückseite des Einlasses zu geringeren Radialgeschwindigkeiten. Dies führt dazu, dass die Luft nicht gleichmäßig über den kompletten Umfang verteilt ist und sich im Inneren des Sichters ein Wirbel ausbildet. Dieser Wirbel ist ungünstig, da er auch höhere Radialgeschwindigkeiten nach außen aufweist und damit ein hoher Druckverlust entsteht. Zudem ergeben sich in einem nicht rotationsymmetrischen Profil unterschiedliche Trennbedingungen für die Partikel, was reduzierte Trennschärfen begünstigt.

Nachfolgend findet eine genauere Analyse hinsichtlich des Einflusses der Drehzahl auf den Bereich zwischen den Sichtradschaufeln statt, da dieser für die Abscheidung der Partikel entscheidend ist. Abbildung 36 hat bereits gezeigt, dass die tangentiale Geschwindigkeit in diesem Bereich von der Drehgeschwindigkeit des Sichtrads dominiert wird und nahezu konstant ist. In Abbildung 38 ist die radiale Geschwindigkeit zwischen zwei Schaufeln bei verschiedenen Drehzahlen illustriert. Die Profile decken sich mit den Schlussfolgerungen von Legenhausen [4]. Demnach bildet sich in Abhängigkeit des Verhältnisses von Fluid-Umfangsgeschwindigkeit zur Sichtradumfangsgeschwindigkeit ein Ablösegebiet an der nach- oder vorauseilenden Schaufel. Zur Erinnerung sei erwähnt, dass positive radiale Geschwindigkeiten per Definition eine Strömung nach außen symbolisieren. Somit charakterisiert eine positive Radialgeschwindigkeit das Auftreten einer Wirbelbildung und es sind Rückströmungen vorhanden. Bei geringen Drehzahlen von 0 und 500 U/min sind die tangentialen Geschwindigkeiten zwischen zwei Schaufeln gering, weshalb sich der Wirbel an der nacheilenden Schaufel ausbildet. In diesem Fall gelangt die Luft vorwiegend im Bereich der vorauseilenden Schaufel nach innen. Bei höheren Drehzahlen treten die Rückströmungen an der vorauseilenden Schaufel auf. In allen untersuchten Fällen ist kein gleichmäßiges radiales Strömungsprofil zu erkennen, sodass der Lufttransport nach innen demnach stets eingeschnürt ist, was zu höheren Radialgeschwindigkeiten für Partikel als erwartet führt.

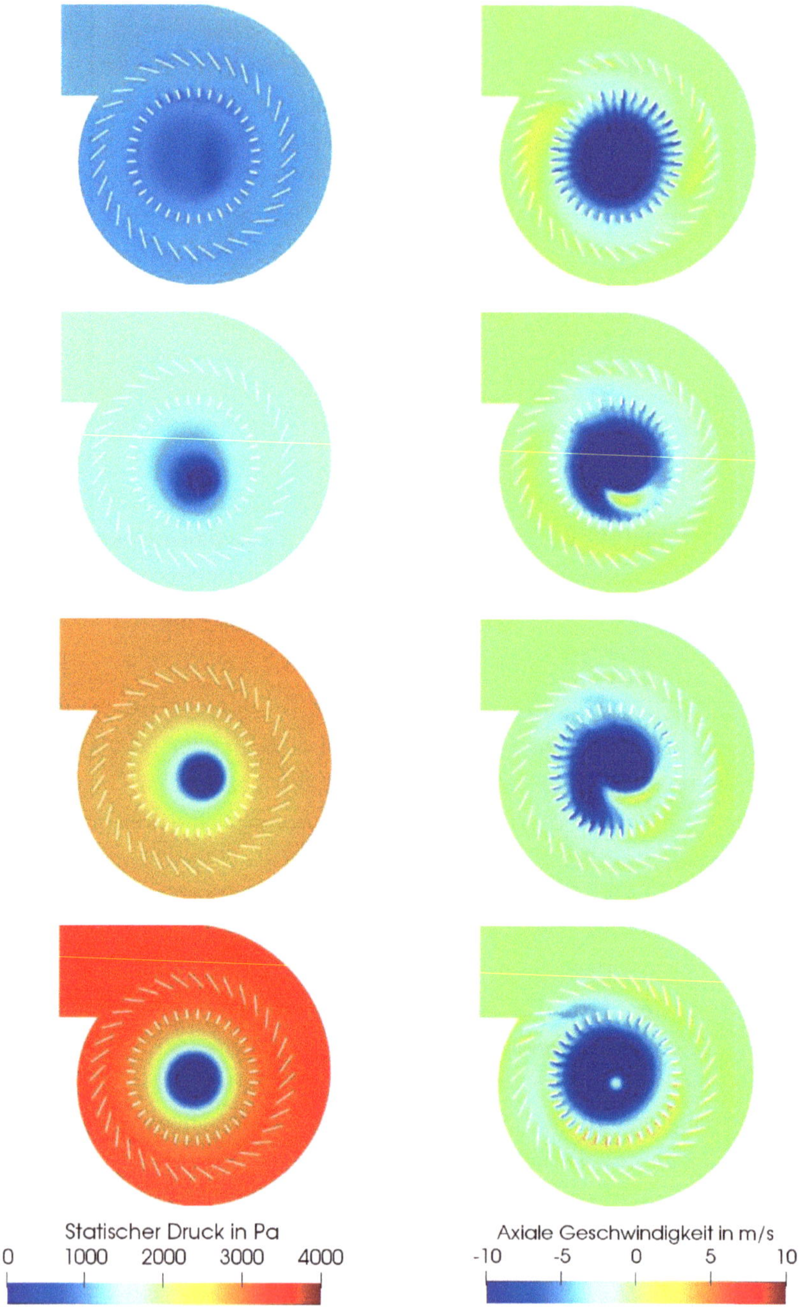

Abbildung 37: Berechnetes statisches Druckprofil (links) und axiales Geschwindigkeitsprofil (rechts) bei einer Drehzahl von 0, 500, 1000 und 2000 U/min in einem horizontalen Schnitt durch die Mitte des Sichtrads.

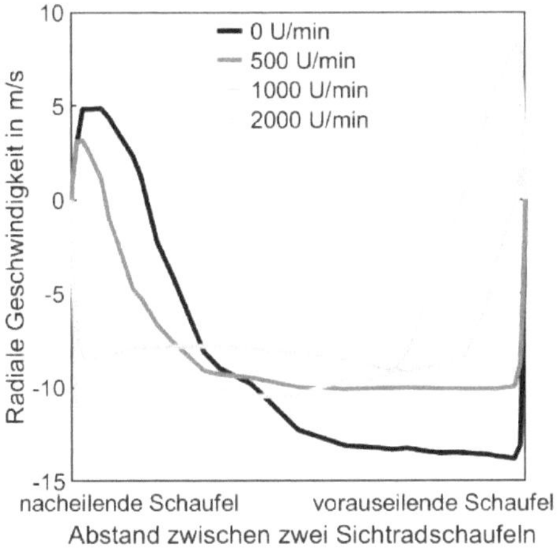

Abbildung 38: Radiale Geschwindigkeit zwischen zwei Sichtradschaufeln bei einem Radius von 0,15 m und verschiedenen Drehzahlen.

Zur Beschreibung der Auswirkungen des Strömungsprofils auf die Partikelbewegung ist in Abbildung 39 die Partikelverteilung in Abhängigkeit der Größe und deren tangentialer Geschwindigkeit vor und zwischen zwei Schaufeln bei einer Drehzahl von 500 und 2000 U/min zu sehen. Die Partikel besitzen in der Darstellung alle die gleiche Größe, da kleinere Partikel sonst nicht erkennbar sind. Vor dem Sichtrad haben die Partikel eine geringere Tangentialgeschwindigkeit als das drehende Sichtrad, weshalb sie beim Eintritt zwischen die Sichtradschaufeln mit der nacheilenden Schaufel kollidieren. Der Aufprallpunkt der Partikel mit der nacheilenden Schaufel ist neben der Partikelgröße auch von der Drehzahl des Sichters abhängig. Bei einer Drehzahl von 500 U/min gelangen die Partikel vor dem Stoß viel weiter nach innen, während sie bei einer Drehzahl von 2000 U/min schnell mit der nacheilenden Schaufel kollidieren. Zusätzlich können kleinere Partikel viel weiter nach innen zwischen zwei Sichtradschaufeln eindringen, bevor sie mit einer Schaufel kollidieren. Dies ist darauf zurückzuführen, dass sie eine geringe Stokes-Zahl aufweisen und viel schneller auf Geschwindigkeitsänderungen reagieren. Die Stokes-Zahl charakterisiert die Reaktionszeit eines Partikels auf Geschwindigkeitsänderungen eines Fluids. Des Weiteren lässt sich aus Abbildung 39 schlussfolgern, dass sich Partikelstöße mit dem Sichtrad vorteilhaft auf die Abtrennung auswirken. Einerseits verhindern die Kollisionen mit dem Sichtrad den direkten Partikeltransport nach innen, andererseits werden die Partikel vom Sichtrad durch die Kollision beschleunigt. Sie weisen nach der Kollision höhere Tangentialgeschwindigkeiten auf, weshalb stärkere Zentrifugalkräfte auf sie wirken.

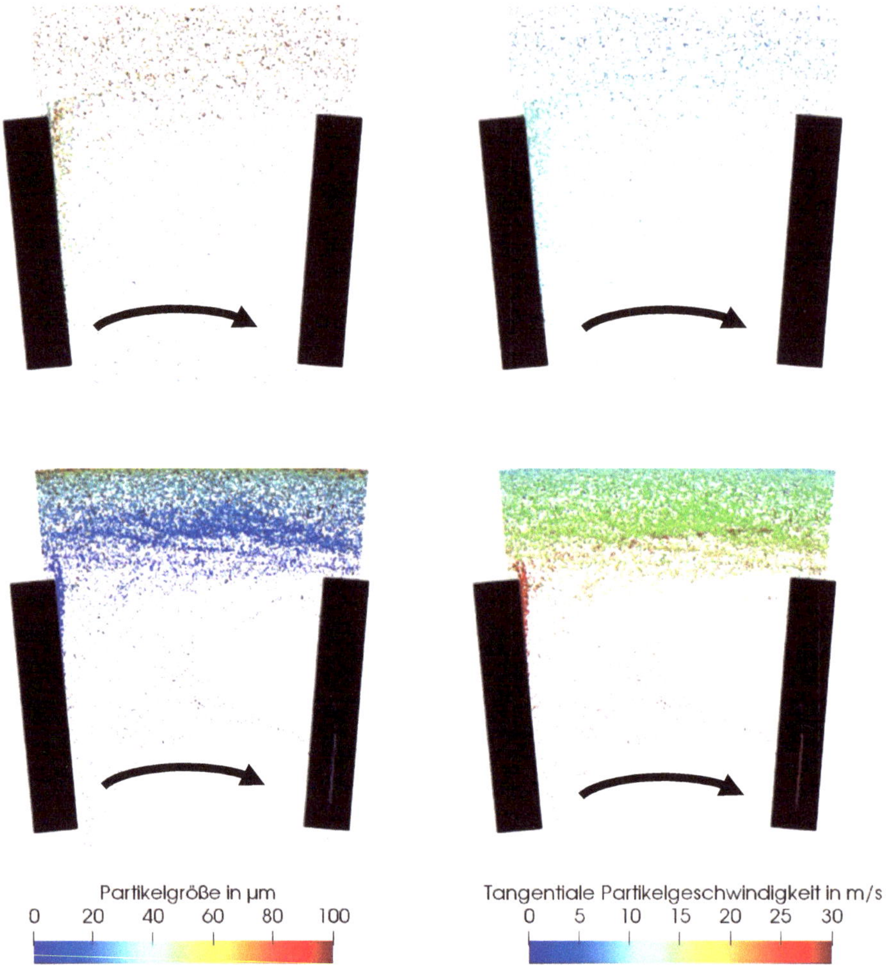

Abbildung 39: Partikelgröße (links) und tangentiale Partikelgeschwindigkeit (rechts) zwischen zwei Sichtradschaufeln bei 500 (oben) und 2000 U/min (unten).

Der weiter außenliegende Aufprallpunkt der Partikel bei höheren Drehzahlen führt dazu, dass sich an der nacheilenden Schaufel vermehrt Partikel ansammeln. Es ist davon auszugehen, dass die Ansammlung der Partikel vermehrt Partikel-Partikel-Wechselwirkungen zwischen abgewiesenen Partikeln und neu eintretenden Partikeln begünstigt. Demnach führt die Erhöhung der Drehzahl von 500 auf 2000 U/min dazu, dass es zu einer deutlich größeren Partikelakkumulation vor dem Sichtrad kommt.

Abschließend sei noch einmal auf die rechte Darstellung in Abbildung 36 verwiesen. Diese hat gezeigt, dass die maximalen Tangentialgeschwindigkeiten im Inneren des Sichters auftreten und diese vorwiegend für den im Sichter resultierenden Druckverlust verantwortlich sind. Berücksichtigt man die eben gewonnenen Erkenntnisse, dass der Trennprozess der Partikel vom Luftstrom vorwiegend zwischen den Sichtradschaufeln stattfindet, so kommt man zu dem Ergebnis, dass die maximalen tangentialen Geschwindigkeiten zwischen den Sichtradschaufeln liegen sollten. Demnach ist der hier beschriebene Sichter bei den gewählten Betriebsbedingungen ungünstig ausgelegt und die hohen tangentialen Geschwindigkeiten verursachen einen Druckverlust, der reduzierbar ist.

5.2.2 Einfluss der Feststoffbeladung

Die Literaturstudie in Kapitel 2 hat gezeigt, dass viele Autoren bei geringen Aufgabebeladungen eine Ein-Wege-Kopplung zur Beschreibung der strömungstechnischen Vorgänge in Abweiseradsichtern für ausreichend halten. Der nachfolgende Abschnitt beweist, dass die Feststoffbeladung in einzelnen Bereichen des Sichters um ein Vielfaches höher liegt als die Aufgabebeladung. Des Weiteren werden die Auswirkungen einer höheren Feststoffbeladung auf die Trenngradkurven und die Strömungsbedingungen beschrieben. Aus Abbildung 39 ging hervor, dass der Klassierprozess zwischen den Schaufeln des Sichtrads stattfindet und sich abgewiesene Partikel zwischen den statischen Leitschaufeln und dem Sichtrad ansammeln. Die Partikelakkumulation ist dabei neben der Aufgabemenge und den Betriebsbedingungen auch von der aufgegebenen Partikelverteilung abhängig. Hohe Drehzahlen bewirken, dass viel Material am Sichter abgewiesen wird. Ebenso beeinflusst die Partikelverteilung in Verbindung mit der Trenngradkurve des Sichters die Feststoffbeladung zwischen den statischen Leitschaufeln und dem Sichtrad.

In Abbildung 40 ist die Partikelverteilung und Feststoffbeladung bei einer Drehzahl von 900 U/min, einem Volumenstrom von 3000 m^3/h und einer Aufgabemenge von 3000 kg/h zu sehen. Die aufgegebene Feststoffbeladung beträgt 1 kg/m^3. Die Partikel sind in der Darstellung vergrößert. Des Weiteren ist nur ein geringer Auszug der realen Partikelanzahl exemplarisch dargestellt. Aus der Abbildung geht hervor, dass die Feststoffbeladung vor dem Sichtrad mehr als das 100-fache der aufgegebenen Feststoffbeladung beträgt, während im Inneren des Sichters nur geringe Feststoffbeladungen vorliegen. Dies ist auf sehr kurze Verweilzeiten der Partikel in dieser Zone zurückzuführen. Auswirkungen der Feststoffbeladung auf das Strömungsprofil sowie Partikel-Partikel-Interaktion sind demnach vorwiegend vor und zwischen dem Sichtrad zu erwarten.

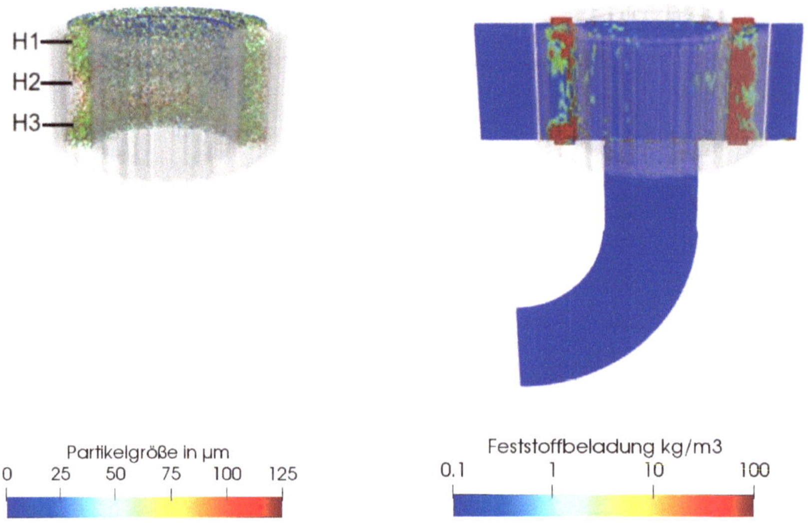

Abbildung 40: Partikelgrößenverteilung (links) und Feststoffbeladung bei vertikalem Schnitt (rechts).

Des Weiteren zeigt Abbildung 40, dass die Partikelakkumulation vor dem Sichtrad ungleichmäßig über dem Umfang und der Höhe ist. Es handelt sich um einen instationären Prozess, bei dem sich immer wieder Zonen mit wenigen Partikeln, aber auch dichteren Partikelwolken bilden. Aus Simulationen mit Berücksichtigung von Partikel-Partikel-Interaktionen mittels MP-PIC-Methode geht hervor, dass der Partikeltransport nach innen durch die Partikelwolke sterisch behindert ist. Die radiale Geschwindigkeit eines Partikels wird durch die Kollision mit anderen Partikeln abgebremst, sodass die Aufenthaltszeit auch von kleinen Partikeln in der Partikelwolke steigt.

Dieser Zustand begünstigt die Bildung von Agglomeraten. Aufgrund der hohen Feststoffbeladung vor dem Sichtrad tritt zusätzlich eine Schwarmsedimentation auf. Unter Schwarmsedimentation versteht man die Sedimentation mehrerer Partikel als eine Schicht mit einheitlicher Geschwindigkeit. Dadurch ist es möglich, dass auch sehr kleine Partikel, die sich in einer Partikelwolke aufhalten, höhere Sedimentationsgeschwindigkeiten erreichen und ins Grobgut gelangen. Zusätzlich haben auch agglomerierte Partikel eine höhere fiktive Masse und sedimentieren schneller ins Grobgut. Die Ausbildung von Partikelwolken aufgrund einer hoher Feststoffbeladung durch das abgewiesene Material ist demnach die Hauptursache für den Fish-Hook Effekt. Da in den Simulationen Agglomerationsvorgänge keine Berücksichtigung finden und die Partikelanzahl aufgrund des Rechenaufwands begrenzt ist, ist eine Erfassung des real auftretenden Fish-Hook Effekts nur in abgeschwächter Form möglich.

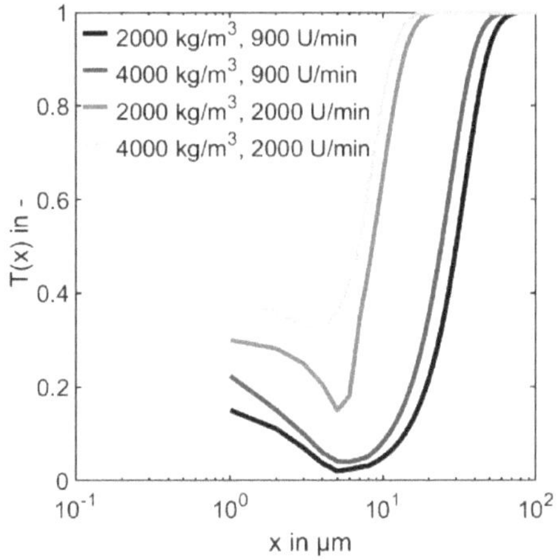

Abbildung 41: Berechnete Trenngradkurven bei verschiedenen Feststoffbeladungen und Drehzahlen.

Für eine genauere Reproduktion des Fish-Hook Effekts in Simulationen ist eine Beachtung von Agglomerationsvorgängen erforderlich. Die in Kapitel 4 vorgestellte Validierung hat aber gezeigt, dass der numerische Löser diesen zumindest in abgeschwächter Form erfassen kann. Dies beweist auch Abbildung 41, in der die Auswirkungen einer höheren Feststoffbeladung vor dem Sichtrad auf den Fish-Hook Effekt beschrieben sind. Die dargestellten Trenngradkurven beziehen sich auf eine Drehzahl von 900 und 2000 U/min und eine Aufgabemenge von 2000 und 4000 kg/h bei konstantem Volumenstrom. Wie zu erwarten, fördert eine höhere Aufgabemenge genau wie eine höhere Drehzahl die Zunahme der Feststoffbeladung vor dem Sichtrad und damit den Fish-Hook Effekt bei dem hier untersuchten Sichtrad. Zudem zeigen die Trenngradkurven, dass eine höhere Feststoffbeladung auch geringere Trenngrenzen x_{50} bewirkt. Eine Erklärung dafür liefert die folgende Analyse des Einflusses der Feststoffbeladung auf das Strömungsprofil. Dazu sind in Tabelle 10 die gemittelten Tangentialgeschwindigkeiten des Fluids über dem Umfang des Sichtrads für verschiedene Aufgabemengen aufgetragen. Die dargestellten Werte sind über dem kompletten Umfang bei einem Radius von 0,17 m gemittelt. Beim untersuchten Sichter liegt die Innenkante der statischen Leitschaufeln bei einem Radius von 0,21 m und der äußere Radius beträgt 0,16 m. Neben den Tangentialgeschwindigkeiten ist auch die Standardabweichung der Messwerte aufgelistet. Die Standardabweichung ist ein Maßstab für die Homogenität der Strömung über dem Umfang, die Mittelung erfolgt über drei Höhen im Sichter.

Tabelle 10: Gemittelte Tangentialgeschwindigkeit bei verschiedenen Höhen und Feststoffbeladungen bei einem Radius von 0,17 m.

Aufgabe in kg/h	Gemittelte Tangentialgeschwindigkeit in m/s			Standardabweichung in m/s		
	H1	H2	H3	H1	H2	H3
0	13	12,4	12,7	3,4	2,7	3,6
2000	9,6	9,1	8,1	2,1	1,8	1,6
3000	9,2	8,6	6,9	1,9	1,7	1,4
4000	8,5	8,2	6,5	1,6	1,4	1,1

Genauere Informationen zur Lage der gewählten Höhenposition findet sich in Abbildung 40. Als Betriebspunkt ist eine Drehzahl von 1000 U/min und ein Volumenstrom von 2600 m^3/h ausgewählt.

Bereits Abbildung 36 hat gezeigt, dass die Luft zwischen den statischen Leitschaufeln und dem Sichtrad eine tangentiale Komponente aufweist. Ohne Materialaufgabe variiert die tangentiale Geschwindigkeit von 12,4 bis 13 m/s. Die Ansammlung der Partikel vor dem Sichtrad bewirkt eine Reduktion der tangentialen Geschwindigkeit, da die Luft mit steigender Feststoffbeladung mehr Partikel beschleunigt. Während bei einer konstanten Aufgabe von 2000 kg/h die tangentiale Geschwindigkeit auf 8,1 bis 9,6 m/s absinkt, treten bei einer Aufgabe von 4000 kg/h nur noch tangentiale Geschwindigkeiten von 6,5 bis 8,5 m/s auf. Zusätzlich beweisen die Standardabweichungen, dass eine höhere Feststoffbeladung eine Homogenisierung der Strömung bewirkt. Es sei an dieser Stelle erwähnt, dass in den Simulationen die Materialaufgabe gleichmäßig erfolgt. Wie homogen die Partikelaufgabe über den Streuteller in der Realität ist, darüber existieren keinerlei Informationen. Eventuell stellt sich bei einer inhomogenen Materialaufgabe ein inverser Effekt ein. Trotzdem lassen die Beobachtungen die Annahme zu, dass der Anstellwinkel der statischen Leitschaufeln nur einen geringen Einfluss auf die Partikelbewegung und die Strömung hat, da die Partikelansammlung deutlich auf die Geschwindigkeit der Luft vor dem Sichtrad einwirkt.Zusätzlich hat die Reduktion der Tangentialgeschwindigkeiten vor dem Sichtrad auch direkte Auswirkungen auf die Partikelbewegung zwischen den Schaufeln und damit auf das Trennverhalten des Sichters. Wie bereits Abbildung 39 gezeigt hat, bestimmt die Eintrittsgeschwindigkeit des Partikels in Abhängigkeit zur Partikelgröße und Drehzahl des Sichters direkt den Stoßwinkel und Aufprallpunkt des Partikels mit den Schaufeln des Sichtrads.

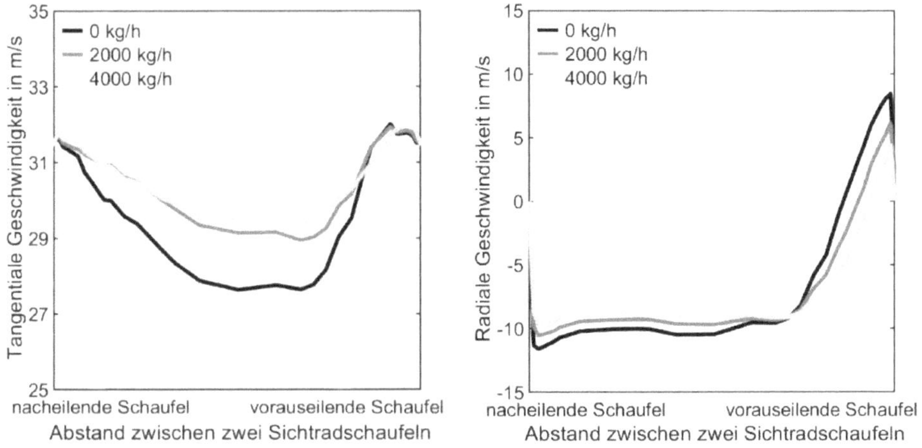

Abbildung 42: Tangentiale Geschwindigkeit (links) und radiale Geschwindigkeit (rechts) zwischen zwei Sichtradschaufeln bei einem Radius von 0,15 m und verschiedenen Aufgabemengen.

Eine verringerte Tangentialgeschwindigkeit eines eintretenden Partikels begünstigt einen früheren Stoß mit der nacheilenden Schaufel des Sichtrads und bewirkt damit eher, dass dieses vom Sichtrad abgewiesen wird. Dies ist eine der Ursachen für die geringeren Trenngrenzen bei größeren Aufgabebeladungen. Eine weitere Ursache für die Reduzierung der Trenngrenze x_{50} bei steigender Aufgabemenge lässt sich aus den Vergleichen des Strömungsprofils zwischen zwei Sichtradschaufeln ableiten. In Abbildung 42 ist die radiale und tangentiale Geschwindigkeit bei verschiedenen Aufgabemengen bei einem konstantem Volumenstrom und Drehzahl zwischen zwei Schaufeln dargestellt. Aus der Abbildung geht hervor, dass eine größere Feststoffbeladung die Wirbelbildung zwischen den Sichtradschaufeln reduziert und damit die radiale Geschwindigkeit über dem Querschnitt homogenisiert. Die Einschnürung des radialen Transports ist demnach geringer und die Partikel erfahren aufgrund reduzierter Radialgeschwindigkeiten eine geringe Schleppwirkung nach innen. Dadurch reduziert sich die Trenngrenze x_{50}. Auf die tangentiale Geschwindigkeit ist der relative Einfluss der Feststoffbeladung deutlich geringer, da das Strömungsprofil primär von der Geschwindigkeit der Schaufeln geprägt ist und diese bei vorgegebener Drehzahl konstant bleibt.

5.2.3 Einfluss des Volumenstroms

Die Aufgabe des Luft-Volumenstroms ist der pneumatische Transport des Partikelguts durch die Anlage. Die vorangegangenen Untersuchungen haben gezeigt, dass vor allem zwischen den Sichtradschaufeln und vor dem Sichtrad hohe Feststoffbeladungen vorliegen. Bei einem Drehkorbsichter, der wie in Kapitel 3.1.1 oberhalb einer Mühle in die Gesamtanlage integriert ist, ist aber auch der pneumatische Transport vom unteren Mahlbereich nach oben zum Sichter von Interesse, da er gegen die Schwerkraft erfolgt. Theoretisch ist es sinnvoll, einen Mindestvolumenstrom zu definieren, der direkt an die Feststoffbeladung gekoppelt ist. Dieser ist so zu wählen, dass es zu keinem Zeitpunkt zu einem Zusammenbruch des Partikeltransports kommt. Neben der Aufgabemenge spielt dabei aber auch die Partikelgrößenverteilung des Aufgabeguts eine Rolle, da sie in Verbindung mit der Trennfunktion des Sichters charakterisiert, wie viele Partikel sich vor dem Sichtrad befinden. Anzeichen für eine nicht ausreichende Förderung des Partikelguts sind das Auftreten eines Bypasses oder des Fish-Hook Effekts in den Trenngradkurven, was auf Agglomerationsbildung und Schwarmsedimentation vor dem Sichtrad schließen lässt und im Extremfall den kompletten Ausfall der Maschine aufgrund von Verstopfung durch Materialanhäufung bedeuten kann.

Eine Erhöhung des Volumenstroms führt aber auch zu höheren Radialgeschwindigkeiten zwischen den Schaufeln des Sichters und damit zu einer Erhöhung der Trenngrenze. In der Folge ist die Erhöhung der Drehzahl des Sichters erforderlich, um die gleichen Trennbedingungen zu erreichen.

In Abbildung 43 sind die eben beschriebenen Zusammenhänge an verschiedenen Trenngradkurven bei unterschiedlichen Betriebsbedingungen veranschaulicht. Bei den dargestellten Kurven variiert der Volumenstrom im Bereich von 2600 und 3000 m^3/h und die Drehzahl im Bereich von 900 und 2000 U/min.

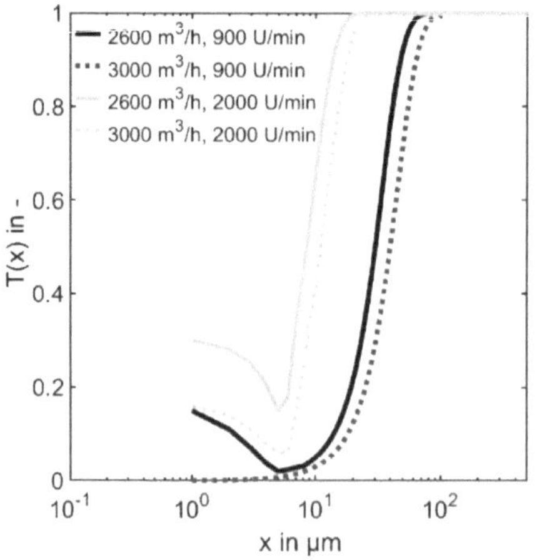

Abbildung 43: Trenngradkurven bei verschiedenen Volumenströmen und Drehzahlen.

Die Darstellung zeigt, dass mittels einer Anhebung des Volumenstroms der Fish-Hook Effekt bei einer identischen Drehzahl reduzierbar ist. Des Weiteren lässt sich ableiten, dass durch eine Erhöhung des Volumenstroms von 2600 auf 3000 m^3/h mit gleichzeitiger Drehzahlerhöhung von 900 auf 2000 U/min eine verbesserte Trennung bei reduziertem Fish-Hook Effekt und Bypass möglich ist. Eine Anhebung des Volumenstroms und der Drehzahl verursacht jedoch höhere Energiekosten. Es ist deshalb stets ein Mittelweg zwischen Energiekosten und Ausbeuteverlust aufgrund von Fish-Hook Effekt und Bypass zu finden. Die Aufgabemenge zu reduzieren, ist daher in der Regel effizienter. Weitere Alternativen sind eine größer dimensionierte Anlage oder eine Reihenschaltung mit Vorklassierung des Aufgabeguts.

5.2.4 Schlussfolgerung

Aus den vorangegangenen Untersuchungen lassen sich folgende Schlussfolgerungen ziehen:

Erstens, die größten Feststoffbeladungen treten zwischen den statischen Leitschaufeln und dem Sichtrad auf. Dies liegt daran, dass die Klassierung der Partikel zwischen den Sichtradschaufeln erfolgt und sich abgewiesene Partikel vor dem Sichtrad ansammeln. Die gebildeten Partikelcluster behindern sterisch den Transport anderer Partikel, wodurch Agglomerationsvorgänge begünstigt werden. Diese Partikelwolke führt in Verbindung mit Schwarmsedimentation zum Auftreten des Fish-Hook Effekts und einem Bypass-Strom feiner Partikel ins Grobgut. Im Extremfall ist auch ein kompletter Zusammenbruch des Materialtransports möglich. Eine höhere Drehzahl und ein geringerer Volumenstrom verstärken diesen Effekt. Zur Vermeidung empfiehlt sich eine größer dimensionierte Anlage, eine Reihenschaltung mehrerer Sichter mit Vorklassierung des Aufgabeguts, die Verwendung eines Hilfstensids, das Agglomerationsbildung der Partikel vermeidet, sowie eine möglichst gute Dispergierung des Aufgabeguts. Da die Simulationen gezeigt haben, dass die Bildung der Partikelwolke ein instationärer Prozess ist, der über den Umfang und die Höhe des Sichters variiert, ist auch das Anstreben eines möglichst homogenen Strömungsprofils vor dem Sichtrad eine Möglichkeit die genannten Probleme zu reduzieren. Dies ist durch geometrische Anpassungen des Einlasses, der statischen Leitschaufeln und des Sichters erreichbar.

Zweitens lässt sich feststellen, dass die Abscheidung der Partikel vorwiegend zwischen den Sichtradschaufeln abläuft. Kleinere Trennkorngrenzen lassen sich durch eine Erhöhung der Drehzahl, Verringerung des Volumenstroms oder eine erhöhte Aufgabebeladung erreichen. Eine höhere Aufgabebeladung führt jedoch auch zu verschlechterten Trennschärfen, da vermehrt Partikel-Partikel-Interaktionen auftreten.

Eine Verbesserung der Trenneigenschaften ist auch durch eine geometrische Anpassung der Schaufelstruktur des Sichtrads zu erzielen. Geometrische Anpassungen sind somit der Zielsetzung eines möglichst gleichmäßigen Strömungsprofils zwischen den Sichtradschaufeln unterworfen. Weiterhin ist ein flacherer Stoßwinkel der Partikel mit der nacheilenden Sichtradschaufel von Vorteil.

Drittens beweisen die strömungstechnischen Studien, dass vor allem das Auftreten von großen Geschwindigkeitsgradienten in Verbindung mit der 90° Umlenkung der Strömung im schaufelfreien Innenbereich eines Sichtrads die Hauptursache für den Druckverlust ist. Dabei ist speziell die Ausbildung der maximalen Tangentialgeschwindigkeiten in der schaufelfreien Zone unbedingt zu vermeiden, da die hohen Zentrifugalkräfte keinen Einfluss auf die bereits stattgefundene Abscheidung der Partikel aufweisen und höhere Tangentialgeschwindigkeiten im Inneren eher zu einem ungleichen Strömungsprofil führen.

5.3 Strömungstechnische Optimierung der Sichtradgeometrie

Basierend auf den vorangegangenen Erkenntnissen stehen in diesem Abschnitt konstruktive Anpassungen zur Optimierung der strömungstechnischen Vorgänge im Vordergrund. Auch wenn die Untersuchungen sich vorwiegend auf einen Sichtertypen beziehen, so verfolgen die Anpassungen universell anwendbare Ziele, die auch auf andere Bautypen übertragbar sind. Der Aufbau des Kapitels orientiert sich an der Chronologie der Vorgänge im Sichter, beginnend also mit dem Bereich vor dem Sichtrad und endend im schaufelfreien Innenraum des Sichters.

5.3.1 Der Bereich vor dem Sichtrad

Vor dem Sichtrad stellen sich aufgrund des am Sichter abgewiesenen Materials große Feststoffbeladungen ein, die das Auftreten des Fish-Hook Effekts oder eines Bypass-Stroms feiner Partikel ins Grobgut begünstigen. Dadurch entstehen Ausbeuteverluste oder sehr feine Partikel werden bei einem Drehkorbsichter mit integriertem Mühlenbetrieb erneut dem Mahlprozess zugeführt, was den energetischen Gesamtaufwand der Anlage erhöht. Zur Vermeidung einer kritischen Feststoffbeladung ist eine Änderung der Betriebsparameter, eine Erhöhung der Baugröße oder eine Vorklassierung mit Hilfe eines anderen Sichters eine Lösungsmöglichkeit.

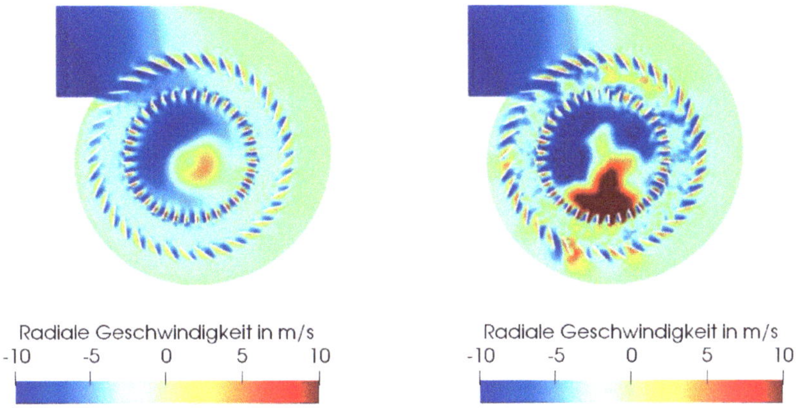

Abbildung 44: Stationäres Strömungsprofil (links) und instationäres Strömungsprofil (rechts) der Radialgeschwindigkeit. Schnitt durch die Mitte des Sichters.

Aber auch eine Homogenisierung der Strömung kann die maximal auftretende Feststoffbeladung reduzieren, da häufig eine ungleichmäßige Verteilung des Feststoffs vorliegt. Zur Homogenisierung des Strömungsprofils stehen in erster Linie die Form des Einlasses, die statischen Leitschaufeln und die Sichtradgeometrie zur Verfügung. Bisher lag der Fokus stets auf dem Verstehen grundlegender strömungstechnischer Vorgänge, weshalb vorwiegend das stationäre Strömungsprofil analysiert wurde. Infolgedessen steht eine Betrachtung des instationären Verhaltens der Strömung mehr im Fokus, da vor allem Turbulenzen großen Einfluss auf die Homogenität der Strömung nehmen und für eine ungleichmäßige Verteilung der Partikel sorgen.

Zur Abschätzung des Unterschieds zwischen stationärem und instationärem Strömungsprofil sind in Abbildung 44 beide gegenübergestellt. Die Darstellung bezieht sich auf einen horizontalen Schnitt durch die Mitte des Sichtrads bei einer Sichtrad-Drehzahl von 2000 U/min, einem Gas-Volumenstrom von 2600 m^3/h und einer Aufgabe von 2000 kg/h. In der Darstellung ist ausschließlich die radiale Geschwindigkeit abgebildet, da vorwiegend diese Komponente Unterschiede zeitliche Schwankungen aufweist. Zur Erinnerung sei auf Tabelle 10 verwiesen, die gezeigt hat, dass die tangentiale Komponente deutlich weniger dem Einfluss von Betriebsschwankungen unterliegt. Per Definition charakterisiert eine negative Radialgeschwindigkeit die Strömungsbewegung nach innen. Der Abgleich in Abbildung 44 zeigt, dass das Strömungsprofil vor allem im Inneren des Sichters zeitliche Schwankungen aufweist und die Strömung in dieser Zone inhomogen ist. Es bilden sich hier auch sehr große rote Bereiche aus, die auf eine positive Radialgeschwindigkeit hinweisen.

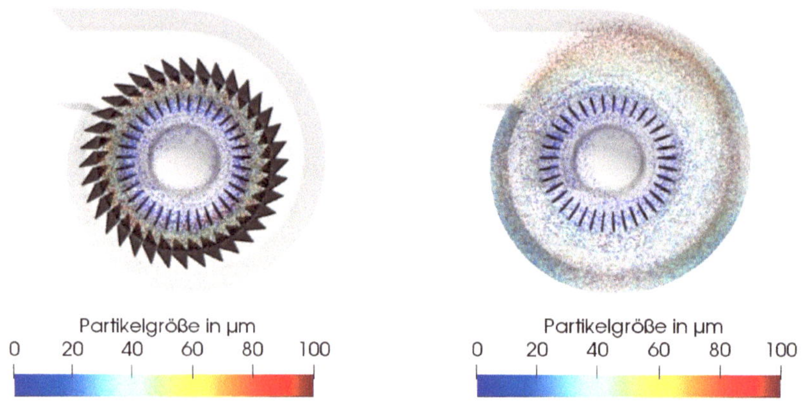

Abbildung 45: Partikelverteilung im Sichtrad mit statischen Leitschaufeln (links) und ohne statische Leitschaufeln (rechts).

Dies deutet auf Wirbelstrukturen im Inneren des Sichtrads hin, was sich auch auf die benachbarten Schaufelzwischenbereiche des Sichtrads auswirkt. Dadurch wird es den Partikeln in diesen Regionen erschwert nach innen ins Feingut zu gelangen. Auch Guizani [31] sieht im Auftreten solcher Wirbel eine mögliche Erklärung für den Bypass in den Trenngradkurven.

Zur Vermeidung dieser großen Wirbelzentren im Inneren des Sichtrads und um ein homogenes Strömungsprofil zu erreichen, muss zu Beginn die Funktion der statischen Leitschaufeln genauer analysiert werden. Dazu ist in Abbildung 45 die Partikelverteilung in einem Sichter mit und ohne statische Leitschaufeln gegenübergestellt. Der Vergleich zeigt, dass sich aufgrund des Fehlens der statischen Leitschaufeln abgewiesene Partikel bis an die Außenwand des Gehäuses ausbreiten. An der Gehäusewand kommt es infolgedessen zu einer Ansammlung von Material, da dieses von der Luft nicht mehr erfasst und transportiert wird, sondern an der Wand sedimentiert. Der Grobgutauslass befindet sich nur in unmittelbarer Nähe des Sichtrads, weshalb sich das Material auf dem Boden ansammelt und in der Maschine verweilt.

Diese Materialanhäufungen führen zu zunehmendem instationären Verhalten der Strömung und damit zum Verstopfen der Anlage, bis es zu einem Betriebsausfall kommt. Beim Sichter mit statischen Leitschaufeln gelangen nur vereinzelt Partikel in den Außenbereich des Sichters, da die statischen Leitschaufeln den Partikeltransport nach außen blockieren. Die statischen Leitschaufeln haben demnach die Funktion, die Partikel in der Nähe des Sichters zu halten. Es empfiehlt sich, die statischen Leitschaufeln so anzustellen, dass die Schaufeln den radialen Transport der Partikel nach außen möglichst blockieren, weshalb die aktuelle Anstellung sinnvoll erscheint.

Wie die Untersuchungen im Zuge dieser Arbeit zum Einfluss der Feststoffbeladung gezeigt haben, führt die hohe Feststoffbeladung zwischen den statischen Leitschaufeln und dem Sichtrad dazu, dass die tangentiale Luftströmung vor dem Sichtrad stark abgebremst wird. Der Anstellwinkel der statischen Leitschaufeln hat demnach nur bedingt einen Einfluss auf das tangentiale Strömungsprofil zwischen den Schaufeln des Sichtrads. In Verbindung mit dem Lufteinlass ist es aber seine Funktion, die Luft möglichst homogen zu verteilen.

Eine genauere Analyse des Strömungsprofils in Abbildung 44 zeigt, dass dies bei der aktuellen Ausführung des Sichters schlecht gelingt. Ein Teil der eintretenden Luft strömt direkt vom Lufteinlass in Richtung Sichter, weshalb zur gegenüberliegenden Seite des Lufteinlasses weniger Luft gelangt und damit nach innen eintritt.

Mit dem Ziel die Strömung zu homogenisieren, sind konstruktive Maßnahmen am Sichter vorgenommen worden. Die geometrischen Anpassungen zwischen alter und optimierter Ausführung sind wie folgt:

- Integration eines zweiten Lufteinlasses auf der gegenüberliegenden Seite des bisherigen Lufteinlasses,
- Erhöhung der Schaufelanzahl des Sichtrads von 36 auf 48 Schaufeln,
- Veränderung des Anstellwinkels der Schaufeln am Sichtrad von bisher 0° auf +20°,
- Integration von vier leicht gewellten Segelflächenelementen im Inneren des Sichters.

Die Auswirkungen der Maßnahmen auf die radiale Strömungskomponente liefert der Vergleich von alter und optimierter Ausführung, die in Abbildung 46 gegenübergestellt sind. Die dargestellten Strömungsprofile sind ebenfalls bei einer Drehzahl von 2000 U/min, einem Volumenstrom von 2600 m^3/h und einer Aufgabemenge von 2000 kg/h festgelegt. Die Erhöhung der Schaufelanzahl am Sichtrad in Verbindung mit der Erhöhung des Anstellwinkels hat sich genau wie die Integration der vier Segelflächenelemente bei der Homogenisierung der Strömung bewährt. An dieser Stelle sei erwähnt, dass die Segelflächenelemente mit dem Sichtrad rotieren, sodass auch die sich im Inneren des Sichtrads bildenden Zonen rotieren. Etwaige Unterschiede bei der radialen Geschwindigkeit sind deshalb nicht auf einzelne Zonen des Sichters fixiert, sondern variieren zeitlich über dem Umfang des Sichtrads.

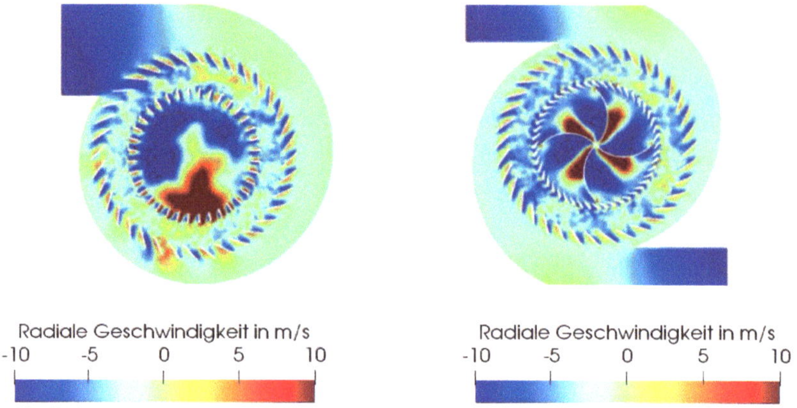

Abbildung 46: Radialgeschwindigkeit im Sichtrad nach alter (links) und optimierter Ausführung (rechts). Horizontaler Schnitt durch die Mitte des Sichters.

Die Vermeidung des vorher auftretenden Wirbels im Inneren des Sichters hat direkten Einfluss auf die Feststoffbeladung vor dem Sichtrad und beeinflusst dadurch signifikant die Trenneigenschaften des Sichters. Dies zeigt Abbildung 47, in der die Trenngradkurven der alten und optimierten Ausführung einander gegenübergestellt sind. Erstens fällt auf, dass die konstruktiven Anpassungen zu einer Reduktion der Trenngrenze x_{50} von 10 µm auf 7 µm führen, was vorwiegend auf die Erhöhung der Schaufelanzahl und des Anstellwinkels zurückzuführen ist. Eine genauere Analyse dieser Änderung erfolgt im nächsten Kapitel. Des Weiteren kann beobachtet werden, dass keine große Änderung der Trennschärfe κ vorliegt. Dies liegt wahrscheinlich daran, dass die strömungstechnischen Unterschiede viel weniger Einfluss auf das Trennverhalten haben als stochastische Effekte wie Partikel-Partikel-Interaktionen und Partikel-Wand-Kollisionen. Zusätzlich hat die Homogenisierung der Strömung den gewünschten Effekt auf die Ausbildung des Fish-Hook Effekts. Dieser wird genau wie der Bypass-Stroms feiner Partikel ins Grobgut deutlich reduziert. Die Reduktion des Fish-Hook Effekts ist wahrscheinlich noch größer als der Vergleich zeigt, da aufgrund der verbesserten Trenneigenschaften des Sichters mit optimierter Ausführung die gesamte Feststoffbeladung vor dem Sichtrad höher ist als bei der alten Ausführung.

5.3.2 Der Bereich zwischen den Sichtradschaufeln

Der nachfolgende Abschnitt beschäftigt sich mit der geometrischen Optimierung der Sichtradschaufeln zur Verbesserung der trenntechnischen Bedingungen in einem Sichtrad.

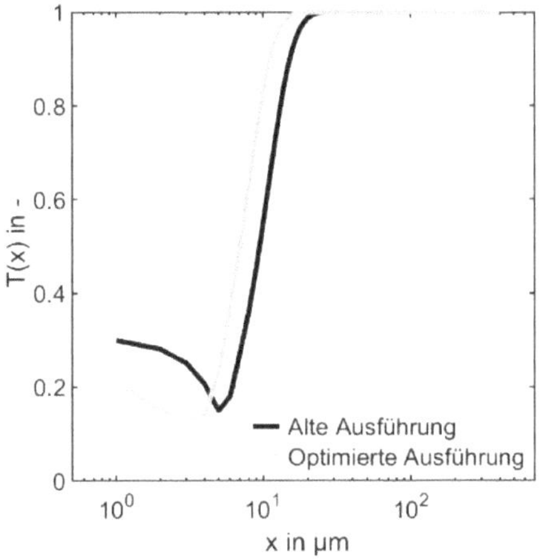

Abbildung 47: Berechnete Trenngradkurven von alter und optimierter Ausführung bei einer Drehzahl von 2000 U/min, einem Volumenstrom von 2600 m³/h und einer Aufgabemenge von 2000 kg/h.

Bisherige Erkenntnisse lassen die Vermutung zu, dass ein zwischen zwei Sichtradschaufeln eintretendes Partikel aufgrund seiner im Vergleich zum Sichtrad geringeren Tangentialgeschwindigkeit mit der nacheilenden Schaufel kollidiert. Der Aufprallpunkt ist neben der Partikelgröße vorwiegend von der Drehzahl des Sichters abhängig. Am Sichter abprallende Partikel beeinflussen gleichzeitig die Partikelbahnen eintretender Partikel, weshalb Partikel-Partikel-Kollisionen den Trennprozess überlagern. Zudem führen die unterschiedlichen Tangentialgeschwindigkeiten vor dem Sichtrad und zwischen den Schaufeln zu einer Wirbelbildung und infolgedessen zu Rückströmungen, die den radialen Transport der Luftströmung einschnüren. Demnach ist das Ziel der konstruktiven Änderungen, eine möglichst gleichmäßige radiale Strömung zwischen den Schaufeln einzustellen und den Stoßwinkel eines Partikels so zu steuern, dass Partikel nach dem Zusammenstoß mit der Sichtradschaufel nach außen abprallen.

Die Feststoffbeladung zwischen zwei Sichtradschaufeln ist aufgrund der am Sichtrad abgewiesenen Partikel sehr hoch. Dies begünstigt den Einfluss von Partikel-Partikel-Interaktion auf das Partikelverhalten, weshalb in Abbildung 48 die Partikelgrößenverteilung ohne und mit Berücksichtigung von Partikel-Partikel-Stößen verglichen wird. Die Betrachtung der Stoßvorgänge erfolgt mit Hilfe der in Kapitel 3.2.1 vorgestellten CFD-DEM, bei der jeder Stoßvorgang aufgelöst ist.

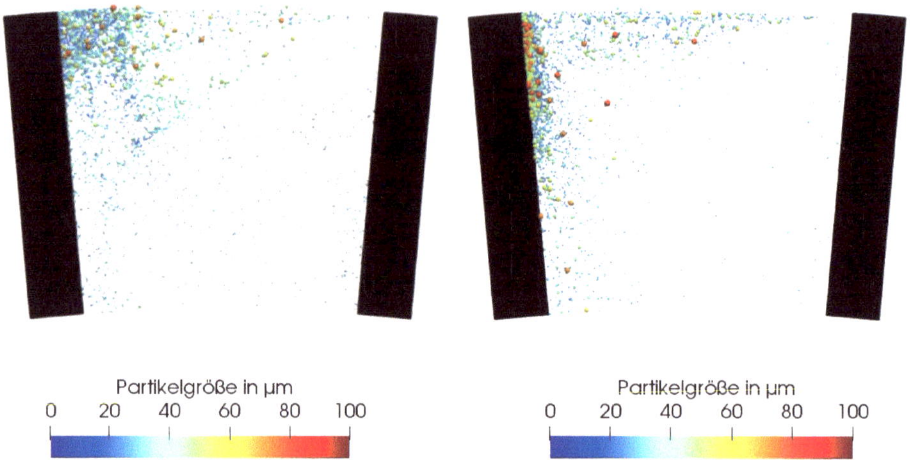

Abbildung 48: Partikelgrößenverteilung zwischen zwei Schaufeln für die Simulation ohne Partikel-Partikel-Wechselwirkungen (links) und mit Berücksichtigung von Partikel-Partikel-Wechselwirkungen mittels CFD-DEM (rechts).

Aufgrund des immensen Aufwands findet die Berechnung ausschließlich an einem zweidimensionalen Ausschnitt zwischen zwei Sichtradschaufeln statt. Das für die Berechnung zugrundeliegende Strömungsprofil stammt aus einer vorher durchgeführten dreidimensionalen Simulation und bleibt bei der Die Darstellung bezieht sich auf den Drehkorbsichter als Einzelsichter mit einem Sichtraddurchmesser von 0,32 m und einen Volumenstrom von 2600 m^3/h, einer Aufgabemenge von 1000 kg/h und einer Drehzahl von 1000 U/min. Die Partikel treten über die gesamte äußere Fläche mit einer geringen Tangentialgeschwindigkeiten von 8 m/s in den Sichter ein. Beide Darstellungen zeigen, dass sich die Partikel nach dem Eintritt zwischen die Schaufeln zur nacheilenden Schaufel orientieren. Im Bereich der nacheilenden Schaufel kommt es vermehrt zu Partikel-Partikel-Stößen zwischen an der Schaufel abprallenden und neu ankommenden Partikeln, sodass sich eine Partikelwolke an der nacheilenden Schaufel bildet. Berechnung konstant. Mit steigender Feststoffbeladung gelangen immer seltener Partikel zur nacheilenden Schaufel, stattdessen kollidieren sie vorher mit anderen Partikeln.

Der Zusammenstoß eines Partikels mit der Partikelwolke erfolgt nahezu plastisch, weshalb die Partikel in den gebildeten Clustern verbleiben. Dies erklärt auch, weshalb die Simulationen ohne die Berücksichtigung von Partikel-Partikel-Kollisionen bei einem Restitutionskoeffizienten von $e_n = 0{,}3$ für Partikel-Wand-Kollisionen die beste Übereinstimmung mit Experimenten liefert.

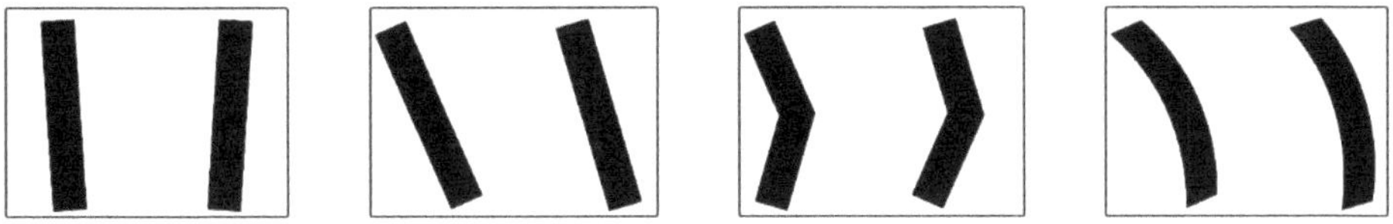

Abbildung 49: Schematischer Überblick zu den untersuchten Schaufelprofilen: radial, positiv mit 20° Anstellwinkel, Knick und positiv gewellt.

Dadurch werden Auswirkungen durch die Entstehung der Partikelwolke auch bei einer Simulation, die Partikel-Partikel-Kollisionen vernachlässigt, adaptiert. In der Nähe der nacheilenden Schaufel folgen feine Partikel der Fluidströmung nach innen, während sich die großen Partikel nach außen bewegen. Des Weiteren ist die Verweilzeit der Partikel bei Simulationen mit Berücksichtigung von Partikel-Partikel-Interaktionen deutlich größer, da sich die Partikel gegenseitig behindern.

Es kommt außerdem vor, dass der Partikelcluster teilweise kleinere Partikel nach außen zieht. Zusätzlich führen die Stoßvorgänge zu einer Beschleunigung von groben Partikeln nach innen. Dadurch liefern die Simulationen mit Berücksichtigung von Partikel-Partikel-Stößen flachere Trenngradkurven. Demnach ist es sinnvoll, für Untersuchungen am Schaufelprofil die CFD-DEM zu wählen, da hier die Abbildung von Partikel-Partikel- und Partikel-Wand-Interaktionen genauere Untersuchungen des Partikelverhaltens im Sichter erlaubt. Vorher durchgeführte dreidimensionale Simulationen sind jedoch für die Bestimmung des Druckverlusts und des Strömungsprofils erforderlich, da eine Berücksichtigung der Partikel-Partikel-Interaktionen nur im zweidimensionalen möglich ist.

Im Allgemeinen sind dem geometrischen Design des Schaufelprofils keine Grenzen gesetzt. Dies ist einer der Gründe für die Vielzahl an Studien zu unterschiedlichen Schaufelprofilen in der Literatur. Diese Studien vernachlässigen allerdings stets den Einfluss von Partikel-Partikel-Kollisionen, weshalb ihre Aussagekraft nur einen qualitativen Zusammenhang zwischen den entscheidenden Größen Druckverlust und Trenngrenze liefert. Des Weiteren ist die Auswahl des Schaufelprofils stets eine Abwägung des Nutzen-Kosten-Verhältnisses. Komplizierte geometrische Strukturen sind mit hohen Fertigungskosten verbunden, da hier entweder andere Fertigungsverfahren zum Einsatz kommen oder deutlich mehr Fertigungsschritte erforderlich sind. Zudem spielt auch die Anzahl und Tiefe der Schaufeln bei den Materialkosten eine Rolle. In dieser Arbeit werden vier verschiedene Schaufelprofile im Hinblick auf ihre Trenneigenschaften und den Druckverlust genauer untersucht.

Tabelle 11: Trenngrenze, Trennschärfe und Druckverlust in Abhängigkeit des Schaufelprofils sowie der Drehzahl bei einem Volumenstrom von 2600 m³/h und einer Aufgabemenge von 1000 kg/h.

Drehzahl in U/min	Geometrie	Trenngrenze x_{50} in µm	Trennschärfe in -	Druckverlust in mbar
1000	Radial	33	0,65	15,2
	Positiv 20°	25	0,61	18,6
	Knick	29	0,65	15,8
	Positiv gewellt	23	0,62	17,8
2000	Radial	13	0,55	34,6
	Positiv 20°	9	0,52	41,1
	Knick	11	0,56	36,0
	Positiv gewellt	8	0,54	38,7

In Abbildung 49 sind die untersuchten Schaufelprofile dargestellt. Ziel der geometrischen Änderungen war es, durch die Variation des Anstellwinkels der Schaufeln, die Partikel nach einer Kollision mit der nacheilenden Schaufel nach außen zu führen bzw. Partikeln das Verlassen in die Sichtradperipherie zu vereinfachen. In Tabelle 11 sind die Trenngrenzen, die Trennschärfe und der Druckverlust in Abhängigkeit zum Schaufelprofil bei einem Volumenstrom von 2600 m^3/h, einer Aufgabemenge von 1000 kg/h und zwei Drehzahlen dargestellt.

Aus den Daten geht hervor, dass alle drei angestellten Schaufelprofile gegenüber dem radialen Standardprofil verringerte Trenngrenzen besitzen. Die kleinsten Trenngrenzen weist bei beiden Drehzahlen das positiv gewellte Profil auf. Allerdings führen die geringeren Trenngrenzen auch zu verringerten Trennschärfen. Es kann nicht geklärt werden, ob dies auf das Schaufelprofil zurückzuführen ist, da die Unterschiede sehr gering sind und ein Vergleich der beiden Drehzahlen zeigt, dass bei geringeren Trenngrenzen stets eine verringerte Trennschärfe vorliegt.

Der geringste Druckverlust ergibt sich beim radialen Profil, während das Profil mit einem positiven Anstellwinkel von 20° den größten Druckverlust verursacht. Bereits Kapitel 5.2.1 hat gezeigt, dass der Druckverlust maßgeblich auf hohe Tangentialgeschwindigkeit im Innenraum des Sichtrads zurückzuführen ist. Eine positive Anstellung des Schaufelprofils bewirkt eine Verstärkung der tangentialen Geschwindigkeiten, was den Druckverlust erhöht.

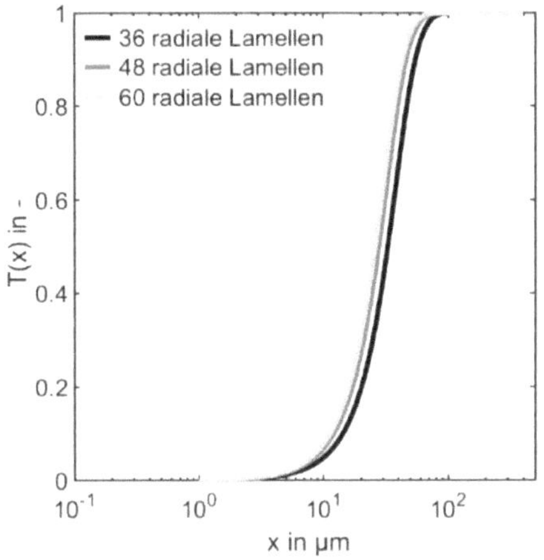

Abbildung 50: Berechnete Trenngradkurven für drei unterschiedliche Schaufelanzahlen bei einer Drehzahl von 1000 U/min, einem Volumenstrom von 2600 m³/h und einer Aufgabemenge von 2000 kg/h.

Es ist deshalb ratsam, das Schaufelprofil an der Innenkante der Schaufeln so auszuführen, dass keine Beschleunigung der Luft in Rotationsrichtung des Sichtrads stattfindet. Beispielhaft erfolgt dies bei der Knick-Variante der Sichtradschaufeln.

Zusätzlich wird der Einfluss der Schaufelanzahl genauer analysiert. In Abbildung 50 sind die Trenngradkurven bei einer Drehzahl von 1000 U/min, einem Volumenstrom von 2600 m³/h und einer Aufgabemenge von 2000 kg/h bei verschiedenen Schaufelanzahlen dargestellt. In der Abbildung ist zu erkennen, dass die Trenngrenze bei 36 Schaufeln 33 µm, bei 48 Schaufeln 29 µm und bei 60 Schaufeln 28 µm beträgt. Demnach ist eine Reduktion der Trenngrenze durch eine höhere Schaufelanzahl möglich. Allerdings sind die Unterschiede sehr gering und die Verbesserung der Trenneigenschaften nimmt mit steigender Schaufelanzahl ab. Es ist deshalb davon auszugehen, dass eine weitere Erhöhung der Schaufelanzahl negative Effekte hat, da sich die zur Verfügung stehende Querschnittsfläche immer weiter reduziert.

5.3.3 Der Bereich im Inneren des Sichtrads

Der schaufelfreie Innenraum des Sichtrads ist durch zwei charakteristische Zonen geprägt. In einer ersten Zone steigt die Geschwindigkeit mit abnehmendem Radius an, bis sie in der Kernzone aufgrund zunehmender Reibung der Luftteilchen analog zur Starrkörperrotation stark abfällt. Untersuchungen auf der rechten Seite von Abbildung 36 zeigen, dass die Ausprägung der beiden Zonen von den Betriebsbedingungen abhängig ist. Neben den Betriebsbedingungen beeinflussen aber auch geometrische Parameter wie der Durchmesser des Austrittrohrs das Strömungsprofil. Die vorwiegend hohen Tangentialgeschwindigkeiten sind vor allem deshalb unerwünscht, da hier ein geringer Einfluss auf das Trennverhalten des Sichters zu erwarten ist. Sie ergeben in Verbindung mit der 90° Umlenkung der Strömung in Richtung Ausgang einen hohen Druckverlust. Dabei geht viel Energie bei der Umwandlung des Dralls in eine parabolische Strömung im Austrittsrohr in Form von Wärme verloren. Zudem wirkt sich die Drallströmung auch negativ auf eine anschließende Filtration oder Abtrennung der feinen Partikel von der Luft im Zyklon aus. Eine Möglichkeit zur Reduzierung des Energie- oder Druckverlusts ist die Erweiterung des Tauchrohrdurchmessers. Allerdings ist dieser durch den Innendurchmesser der Sichtradschaufeln begrenzt und in den meisten Fällen bereits maximal ausgeführt.

Eine weitere Möglichkeit zur Vermeidung der hohen tangentialen Geschwindigkeiten stellen Segelflächenelemente dar, die wie das Sichtrad an der Welle des Motors befestigt sind und damit mit einer identischen Drehzahl rotieren. Eine beispielhafte Ausführung eines Sichtrads mit Segelelementen findet sich in Abbildung 31. Bei der Auswahl der idealen Form und Anzahl der Segel stehen vor allem Performanceparameter wie der Druckverlust, das Trennverhalten des Sichters oder bei größeren Sichtern auch die Leistungsaufnahme des Motors im Vordergrund, aber auch Fertigungskosten, eine einfache Montagemöglichkeit, Stabilität im Betrieb und Verschleißanfälligkeit spielen eine Rolle. Danach erfolgt eine Bewertung des Einsatzes von Segelflächenelementen und die Bestimmung der idealen Form und Anzahl der Elemente.

Mit Hilfe der CFD ist vor allem eine Untersuchung der Auswirkungen auf das Strömungsprofil, den Druckverlust und das Trennverhalten des Sichters möglich. Das energetische Einsparpotential ist dann natürlich immer im Einzelfall mit dem konstruktiven und fertigungstechnischen Aufwand zu vergleichen. Die Auswirkungen der Segelflächenelemente auf das Strömungsprofil sind in Abbildung 51 dargestellt. Dazu ist die tangentiale und radiale Geschwindigkeit zwischen einem Sichtrad ohne und mit vier Segelflächenelementen bei einem Durchmesser von 0,16 m, einer Drehzahl von 2000 U/min und einem Volumenstrom von 2600 m^3/h abgebildet. Aus der Darstellung geht hervor, dass die Segel den gewünschten Effekt haben und die tangentiale Geschwindigkeit im Inneren des Sichters von maximal 77 m/s auf 53 m/s reduzieren. Des Weiteren fällt auf, dass sich aufgrund der vier Segelelemente vier rotationssymmetrische Zonen ausbilden.

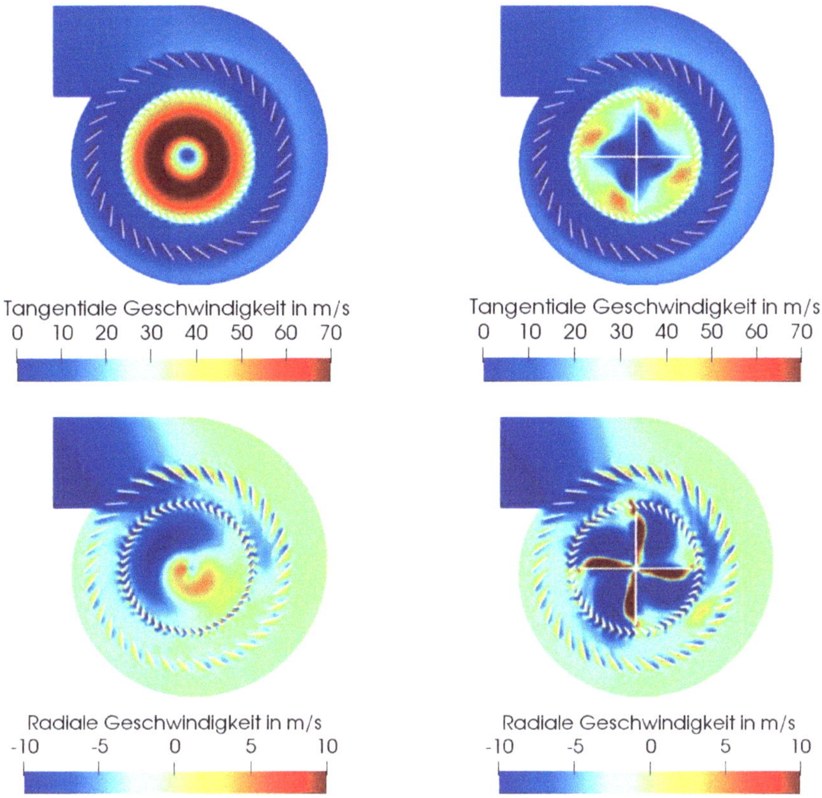

Abbildung 51: Vergleich der tangentialen und radialen Geschwindigkeit zwischen einem Sichtrad ohne Segelflächenelemente (links) und mit Segelflächenelementen (rechts) bei einem Durchmesser von 0,16 m, einer Drehzahl von 2000 U/min und einem Volumenstrom von 2600 m^3/h.

Zwischen zwei Sichtradschaufeln liegende Bereiche, die sich in Rotationsrichtung unmittelbar vor den Segelflächenelementen befinden, weisen höhere Radialgeschwindigkeiten nach innen auf, während die Schaufelbereiche nach den Segelflächenelementen eine geringere Radialgeschwindigkeit haben. Auf den ersten Blick scheint dies zu stark unterschiedlichen Trennbedingungen zwischen den Schaufeln über dem Umfang des Sichtrads zu führen. Allerdings liegt ohne Segelflächenelemente ein viel ungünstiges Strömungsprofil vor, da sich ein Wirbel an der gegenüberliegenden Seite des Lufteinlasses im Inneren des Sichtrads bildet.

Die stark reduzierten Tangentialgeschwindigkeiten durch die Implementierung der Segelflächenelemente führen zu der gewünschten Reduktion des Druckverlusts.

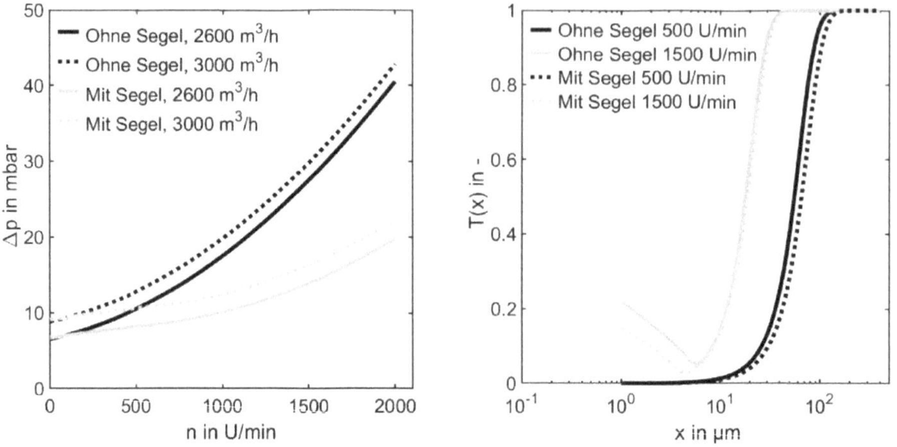

Abbildung 52: Berechneter Druckverlust ohne und mit Segelflächenelementen bei verschiedenen Volumenströmen (links) und berechnete Trenngradkurven ohne und mit Segelflächenelementen bei unterschiedlichen Drehzahlen (rechts).

Dies geht aus der linken Darstellung von Abbildung 52 hervor, in der der Druckverlust beider Varianten über der Drehzahl bei einer Aufgabemenge von 2000 kg/h für zwei Volumenströme, 2600 und 3000 m^3/h, aufgetragen ist. Bei dem untersuchten Sichter handelt es sich erneut um den Drehkorbsichter als Einzelsichter mit einem Durchmesser von 0,32 m.

Die Darstellung zeigt, dass der Druckverlust ohne die Segelflächenelemente mit steigender Drehzahl für beide Volumenströme ansteigt. Bei einer Drehzahl von 1000 U/min beträgt der Druckverlust für die beiden Volumenströme 2600 m^3/h und 3000 m^3/h 17,5 und 20,9 mbar sowie bei einer Drehzahl von 2000 U/min 40,2 und 42,5 mbar. Dahingegen liegt der Druckverlust beim Sichter mit Segelflächenelementen bei einer Drehzahl von 1000 U/min bei 10,1 und 12,4 mbar und bei einer Drehzahl von 2000 U/min bei 19,7 und 22,5 mbar. Die prozentualen Einsparungen am Druckverlust sind demnach abhängig von der Drehzahl und betragen für 1000 U/min etwa 38 %, für 2000 U/min mehr als 50 %. Dies ist darauf zurückzuführen, dass der Druckverlust beim Sichter mit Segelelementen mit steigender Drehzahl deutlich moderater ansteigt.

Bei sehr geringen Drehzahlen unterhalb von 200 U/min weist das Sichtrad mit Segelflächenelementen einen höheren Druckverlust auf, da die Segelflächenelemente eher als Strömungshindernis agieren. Der Einsatz eines Sichters bei solch geringen Drehzahlen ist allerdings unüblich.

Zusätzlich findet auch eine Untersuchung des Einsatzes von Segelflächenelementen bei einem größeren Sichtraddurchmesser und einem anderen Sichtertypen statt. Dazu sind in Tabelle 6 und Tabelle 7 die Druckverluste ohne und mit Segel bei verschiedenen Betriebsbedingungen miteinander verglichen. Die Ergebnisse beziehen sich auf einen Drehkorbsichter auf einer Vertikalmühle und einen Sichtraddurchmesser von 1,6 m. Aus den Tabellen geht hervor, dass bei einem ersten Betriebszustand, der eine geringere Drehzahl hat, eine Reduktion des Druckverlusts von etwa 8 % durch den Einsatz von 12 Segelflächenelementen erreichbar ist. Bei Betriebszustand zwei, der eine hohe Drehzahl aufweist, liegt die Einsparung bei 33 %. Beide Betriebszustände weisen unterschiedliche Volumenströme auf, die genauen Angaben zu den Betriebsbedingungen finden sich in Kapitel 3.1.1. Die Reduktion der hohen Tangentialgeschwindigkeit durch den Einbau der Segelflächenelemente hat darüber hinaus geringe Auswirkungen auf die Strömungsbedingungen zwischen zwei Sichtradschaufeln und damit auf das Trennverhalten des Sichters. Wie die rechte Darstellung in Abbildung 52 zeigt, stellt sich bei einer Drehzahl von 500 U/min beim Sichtrad mit Segelflächenelementen ein leicht nach rechts verschobener Trenngradkurvenverlauf im Vergleich zum Sichtrad ohne Segelflächenelemente ein. Demnach verschiebt sich die Trenngrenze von 56 µm auf 66 µm. Die Trenngradkurven beziehen sich erneut auf den Drehkorbsichter als Einzelsichter und einen Durchmesser von 0,32 m. Die aufgegebene Menge beträgt 2000 kg/h und der Volumenstrom 2600 m^3/h. Mit steigender Drehzahl verbessern sich die Trenneigenschaften des Sichters mit Segelflächenelementen im Vergleich zum Sichter ohne diese, sodass sich bei einer Drehzahl von 1500 U/min eine fast identische Trenngrenze x_{50} einstellt. Erhöht man die Drehzahl noch weiter, weist das Sichtrad mit Segeleinbauten eine kleinere Trenngrenze auf. Demnach ist eine schnellere Rotation des Sichtrads mit Segelflächenelementen bei geringen Drehzahlen zum Erreichen der identischen Trenngradkurven wie bei dem Sichtrad ohne Segelflächenelemente erforderlich, während bei hohen Drehzahlen eine gleiche oder langsamere Drehung ausreicht. Des Weiteren zeigen die Kurvenverläufe, dass die Segelflächenelemente bei allen Einstellungen einen reduzierten Bypass und Fish-Hook Effekt bewirken und keine Änderung der Trennschärfe κ vorliegt. Dies ist wahrscheinlich darauf zurückzuführen, dass die Segelflächenelemente eine homogenisierende Wirkung auf das radiale Strömungsprofil zwischen den statischen Leitschaufeln und dem Sichtrad haben und keine einseitige Wirbelbildung im Inneren des Sichtrad begünstigen.

Eine Erklärung für die unterschiedliche Trenneffizienz in Abhängigkeit zur Drehzahl liefert Abbildung 53. Hier sind die radialen und tangentialen Geschwindigkeitsprofile zwischen den Sichtradschaufeln für ein Sichtrad ohne und mit Segelflächenelementen bei zwei verschiedenen Drehzahlen abgebildet.

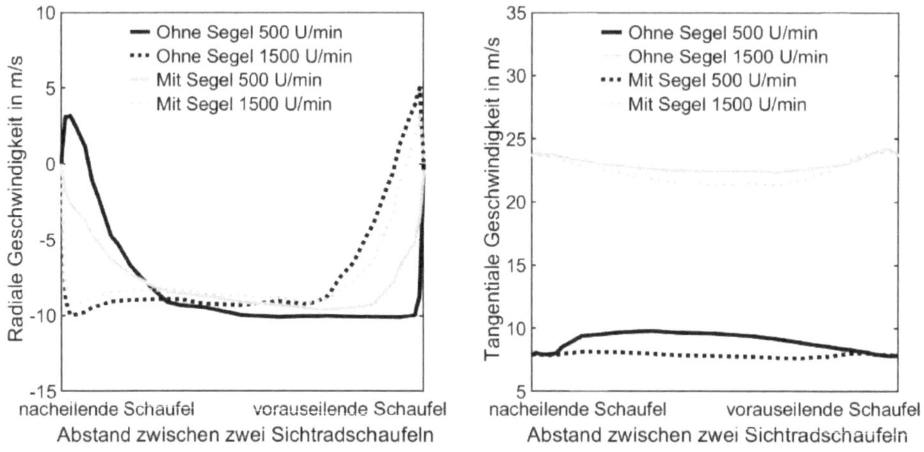

Abbildung 53: Radiale (links) und tangentiale (rechts) Geschwindigkeit zwischen zwei Sichtradschaufeln bei einem Sichtrad ohne und mit Segelflächenelementen bei verschiedenen Drehzahlen.

Die Profile beziehen sich weiterhin auf den Einzelsichter mit einem Außendurchmesser von 0,32 m, einen Volumenstrom von 2600 m^3/h und eine Aufgabebeladung von 2000 kg/h. Bereits Abbildung 51 hat gezeigt, dass das Strömungsprofil zwischen den Sichtradschaufeln beim Sichtrad mit Segelelementen nicht rotationssymmetrisch ist, weshalb die dargestellten Strömungsprofile für alle Schaufelzwischenbereiche gemittelt sind. Wie bereits erwähnt, führen die Segelflächenelemente zu einer Reduktion der tangentialen Geschwindigkeit im Inneren des Sichters. Dies wirkt sich auch auf den Bereich zwischen den Sichtradschaufeln aus. Die Wandgeschwindigkeit der Sichtradschaufeln ist allerdings aufgrund der Drehzahl vorgeben. Nichtsdestotrotz bewirken die Segelelemente eine leichte Reduktion der Tangentialgeschwindigkeit zwischen den Sichtradschaufeln, die sich sowohl bei 500 als auch 1500 U/min zeigt. Die geringeren Tangentialgeschwindigkeiten führen zu geringeren Zentrifugalkräften und damit zu einer Erhöhung der Trenngrenze.

Auch die radiale Geschwindigkeit wird durch die Installation von Segelflächenelementen beeinflusst. So bewirken die Segelflächen bei beiden Drehzahlen, dass sich der Wirbel zwischen den Sichtradschaufeln leicht reduziert und der radiale Lufttransport ins Innere des Sichtrads homogener verläuft. Aufgrund der geringeren Radialgeschwindigkeit ist auch die Trenngrenze kleiner. Demnach haben die Segelflächenelemente sowohl eine verbessernde als auch verschlechternde Wirkung auf die Trenneigenschaften des Sichters. Welcher Effekt dominiert, ist von der Drehzahl des Sichters abhängig. Die absoluten Änderungen von Radial- und Tangentialgeschwindigkeit durch den Einsatz von Segelelementen sind bei allen Drehzahlen ähnlich. Allerdings nimmt der Einfluss der Segelflächenelemente auf die relative Änderung der Tangentialgeschwindigkeit mit steigender Drehzahl immer weiter ab, weshalb bei hohen Drehzahlen der Einfluss auf die Radialgeschwindigkeit dominiert. Dies führt dazu, dass mit steigender Drehzahl das Sichtrad mit Segelflächenelementen eine immer bessere Trennperformance als das Sichtrad ohne Elemente aufweist.

Nachfolgend stehen die Form und Anzahl der Segel im Vordergrund. Auch hier spielen neben den Auswirkungen auf die Prozessparameter wie dem Druckverlust und Trennverhalten des Sichters die Montagemöglichkeit, die Fertigungskosten und die Verschleißanfälligkeit der Segel bei der Auswahl eine Rolle.

In Abbildung 54 sind die Tangential- und Radialgeschwindigkeiten von zwei untersuchten Segelprofilen an einem Drehkorbsichter als Einzelsichter und einem Durchmesser von 0,32 m miteinander verglichen. In der linken Darstellung sind die Segelelemente senkrecht zur Drehachse angeordnet, während sie auf der rechten Seite eine leichte Bogenbewegung aufweisen. Die dargestellten Strömungsprofile stellen sich bei einem Volumenstrom von 2600 m^3/h, einer Aufgabemenge von 2000 kg/h und einer Drehzahl von 2000 U/min ein. Die gewellte Variante bedeutet einen höheren Fertigungsaufwand. Zusätzlich wirken auf das gewellte Segelprofil im Betrieb höhere Querbelastungen auf das Blech, weshalb eine stabilere Ausführung erforderlich ist. Hinsichtlich der Montage und Verschleißanfälligkeit verhalten sich die beiden Varianten identisch. Auch in den Simulationen weisen die beiden Varianten keine signifikanten Unterschiede bei den Trenneigenschaften des Sichters auf.

Allerdings zeigen die Strömungsprofile in Abbildung 54, dass bei der gebogenen Variante die Tangentialgeschwindigkeiten im Inneren des Sichtrads etwas geringer ist. Dies führt zu einem 2 - 4 % geringeren Druckverlust bei der gebogenen Variante. Das ideale Segelprofil ist aber auch von der sich anschließenden Innenkante der Sichtradschaufeln abhängig, da bei einer radialen Ausführung der Sichtradschaufeln die beiden Profile einen nahezu identischen Druckverlust aufweisen.

Bisherigere Darstellungen beziehen sich stets auf den Volumenstrom der Luft, die Drehzahl des Sichtrads und die Aufgabemenge des Feststoffs. Dies war ausreichend, um etwaige Auswirkungen von Betriebsbedingungen auf das Strömungsprofil oder Prozessgrößen zu zeigen und hat den Vorteil, gleichzeitig direkt die Größenordnung einzelner Betriebsparameter zu vermitteln. Für Untersuchungen zur Segelanzahl bei unterschiedlichen Sichtradgrößen ist es allerdings sinnvoll, die Betriebsbedingungen auf größenunabhängige Faktoren zu beziehen.

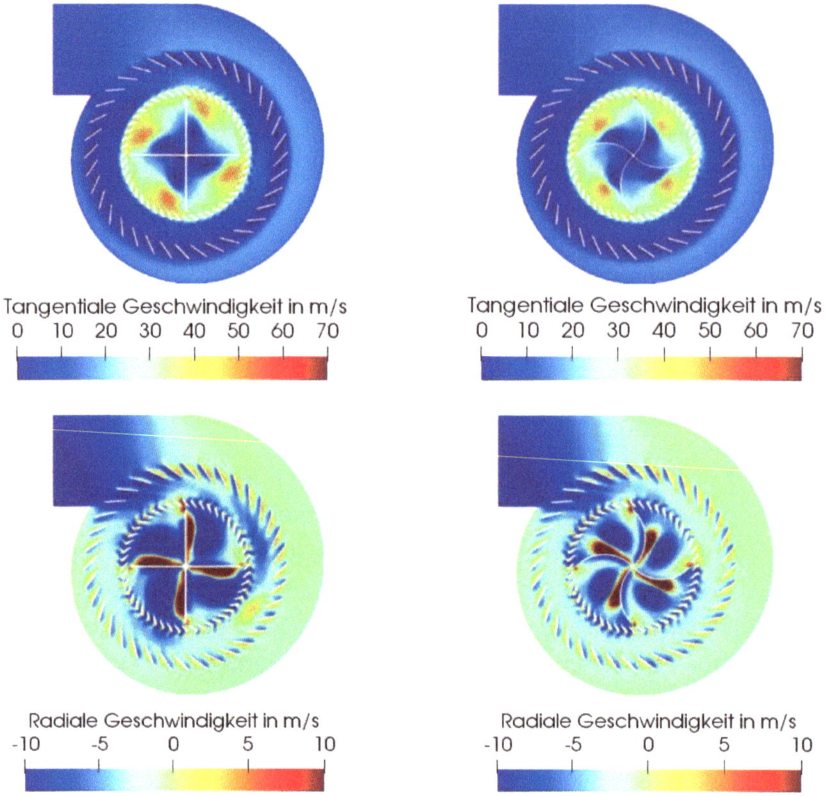

Abbildung 54: Vergleich der tangentialen und radialen Geschwindigkeit zwischen zwei unterschiedlichen Segelprofilen bei einem Durchmesser von 0,16 m, einer Drehzahl von 2000 U/min und einem Volumenstrom von 2600 m³/h.

Für einen größenunabhängigen Vergleich bei Abweiseradsichter ist das Einstellen identischer Widerstands- und Zentrifugalkräfte geeignet. Dadurch soll gewährleistet werden, dass auf ein Partikel die gleichen Kräfte wirken. Zum Einstellen einer gleichen Zentrifugalkraft ist nach Gleichung 2.1 die Beschleunigung a_s des Sichtrads entscheidend. Diese berechnet sich zu:

$$a_S = 2 \cdot \pi^2 \cdot n^2 \cdot d \,. \tag{5.1}$$

Demnach ist laut Definition bei einem Sichtrad mit größerem Durchmesser eine kleinere Drehzahl ausreichend, um die gleichen Beschleunigungen zu erreichen.

Für die Widerstandskraft ist entsprechend der Gleichung 2.3 die durchschnittliche Radialgeschwindigkeit der Luft im Sichtrad von Bedeutung, die sich nach Gleichung 2.8 aus dem aufgegebenen Volumenstrom und der Sichtradfläche berechnet. Die Sichtradfläche bezieht sich auf die zylindrische Mantelfläche am Außendurchmesser des Sichtrads.

Zusätzlich lässt sich auch die Aufgabemenge größenunabhängig als aufgegebene Feststoffbeladung c_P ausdrücken. Diese ergibt sich zu:

$$c_P = \frac{\dot{m}_A}{\dot{V}_F} \tag{5.2}$$

aus dem Aufgabestrom $\dot{m}_A$ und dem Volumenstrom des Fluids $\dot{V}_F$.

Eine Erhöhung der Segelflächenanzahl ist stets mit höheren Investitionskosten verbunden, da das Gewicht eines Sichters steigt. Zusätzlich ist das Anbringen von vielen Segelflächenelementen bei kleinen Sichtraddurchmessern nahezu unmöglich, da die räumliche Zugänglichkeit für die Montage deutlich erschwert ist. In Abbildung 55 werden die Auswirkungen der Segelflächenanzahl auf die prozentuale Änderung des Druckverlusts eines Sichtrads bei drei Sichtradgrößen dargestellt. Als Bezugsgröße dient stets der Sichter ohne Segelflächenelemente. Ein Wert von 70 % bedeutet in diesem Zusammenhang, dass die Segelvariante bei gleichen Betriebsbedingungen einen 30 % geringeren Druckverlust aufweist als die Variante ohne Segel. Die prozentuale Darstellung vereinfacht den Vergleich der unterschiedlichen Parameter wie Sichtraddurchmesser, Beschleunigungen und Radialgeschwindigkeiten innerhalb einer Grafik, unabhängig vom jeweils absoluten Wert. Hierbei beziehen sich die Untersuchungen auf eine konstante Beschleunigung von 1750 m/s^2 und eine konstante radiale Geschwindigkeit von 3 m/s. Bei den Simulationen werden keine Partikel berücksichtigt, da das Einstellen einer identischen Feststoffbeladung bei unterschiedlichen Sichtradgrößen schwierig ist. Dies liegt daran, dass größere Sichter in der Regel größere Höhen aufweisen, weshalb das am Sichtrad abgewiesene Material bei einem großen Sichter viel längere Verweilzeiten aufweist. Abbildung 55 beweist, dass die prozentuale Reduktion des Druckverlusts mit einer steigenden Anzahl an Segelflächenelementen zunimmt.

Folglich kann der Druckverlust beim Einsatz von drei Segeln um einen Wert von 33 bis 36 % und bei sechs Segeln um 46 bis 48 % gesenkt werden. Eine weitere Erhöhung der Anzahl auf neun Segelelemente führt nur zu einem minimal geringeren Druckverlust, während bei noch mehr Segeln der Druckverlust wieder leicht zunimmt. Generell ist die prozentuale Reduktion des Druckverlusts nur marginal vom Sichtraddurchmesser abhängig.

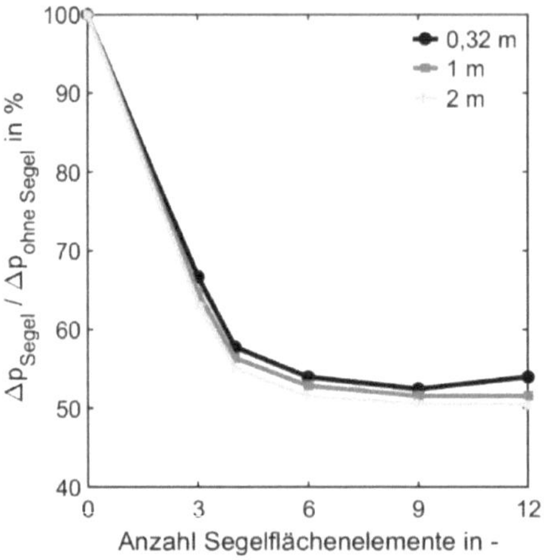

Abbildung 55: Auswirkungen der Segelanzahl auf die prozentualen Druckverluständerungen in Abhängigkeit zum Sichtraddurchmesser.

Die größten Einsparungen stellen sich beim größten Sichtraddurchmesser von 2 m ein. Der Einfluss der Segelflächenanzahl bei verschiedenen Beschleunigungen auf die Reduktion des Druckverlusts ist in Abbildung 56 veranschaulicht. Die Werte beziehen sich auf einen Außendurchmesser des Sichtrads von 1 m und eine Radialgeschwindigkeit von 3 m/s. Auch hier stellt sich eine potentielle Abnahme der Druckverlustreduktion mit steigender Segelflächenanzahl ein. Jedoch sind bei einer geringeren Beschleunigung die Auswirkungen auf den Druckverlust deutlich kleiner, sodass sich bei einer Beschleunigung von 2000 m/s^2 die größten Reduktionen ergeben. Die Beschleunigung hat folglich einen viel größeren Einfluss auf die Druckverluständerung als die Baugröße des Sichtrads.Mit Zunahme der Sichtradgröße gewinnt auch die Leistungsaufnahme des Sichters an Bedeutung. Diese stellt die erforderliche Leistung des Motors zur Aufbringung des Drehmoments dar. Sie berechnet sich bei Vernachlässigung von elektrischen Verlusten zu:

$$P = 2\pi \cdot n \cdot M \ . \tag{5.3}$$

Hier ist n die Drehzahl des Sichtrads und $\vec{M}$ das Drehmoment des Sichtrads. In den Simulationen lässt sich das Drehmoment aus den wirkenden Druckkräften p auf die Flächennormalen $\vec{A}$ jeder einzelnen rotierenden Oberfläche zu

$$\vec{M} = \rho \cdot \left[\sum_{i=1}^{k} \vec{r}_i \times (p_i \cdot \vec{A}_i)\right] \tag{5.4}$$

berechnen. $\vec{r}_i$ markiert den Ortsfaktor bezogen auf die Drehachse.

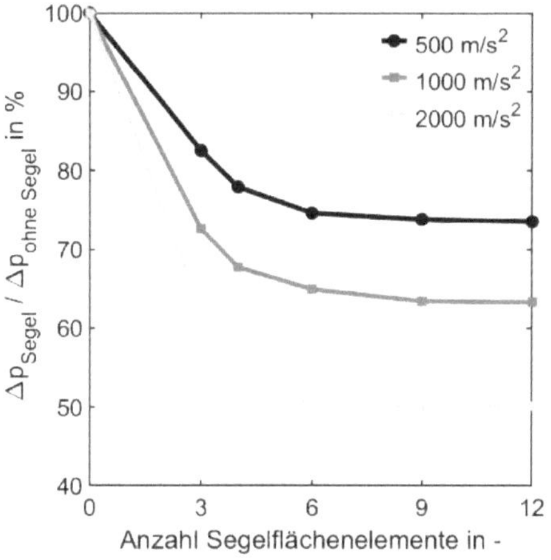

Abbildung 56: Auswirkungen der Segelanzahl auf die prozentualen Druckverluständerungen in Abhängigkeit zu der Beschleunigung.

Für die berechneten Werte ist kein Vergleich mit experimentellen Werten durchführbar, da die bei der Validierung verwendeten Sichter nur geringe Sichtraddurchmesser und Beschleunigungen aufweisen und das zu messende Drehmoment sehr gering ist.

In Abbildung 57 ist die berechnete prozentuale Änderung der Leistungsaufnahme in Abhängigkeit zur Segelanzahl bei unterschiedlichen Sichtradgrößen zu sehen. Als Bezugsgröße dient die Leistungsaufnahme des Sichters ohne Segelflächenelemente. Die Darstellung veranschaulicht, dass durch die Installation von drei Segeln im Inneren des Sichtrads die Leistungsaufnahme des Motors reduzierbar ist. Es wird gezeigt, dass die prozentualen Einsparungen für alle Durchmesser zwischen 4 und 7 % liegen, wobei das kleinste Sichtrad die größte Einsparung aufweist.

Die Reduktion der erforderlichen Leistung geht vermutlich aus dem Umstand hervor, dass die Segelflächenelemente eine große Angriffsfläche für die Luftströmung bieten. Die auf die Segelflächen prallende Luft unterstützt demnach den Motor beim Antrieb des Sichtrads und reduziert dadurch die aufzubringende Leistung. Eine weitere Erhöhung der Anzahl der Segelflächenelemente hat jedoch einen negativen Effekt auf die erforderliche Leistung, da die Abstände zwischen den einzelnen Segeln kleiner werden und die somit kleineren Räume zwischen zwei Segeln der Luft weniger Platz bieten. Dadurch ist bei zwölf Segelelementen die erforderliche Leistung höher als ohne Segelflächenelemente.

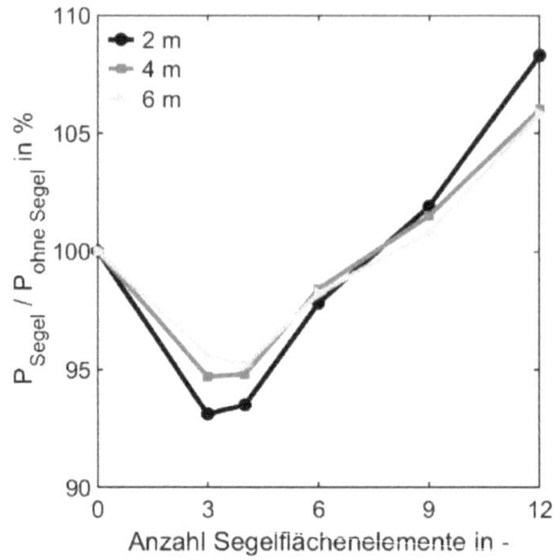

Abbildung 57: Auswirkungen der Segelanzahl auf die prozentuale Drehmomentänderung in Abhängigkeit zum Sichtraddurchmesser.

Kleinere Abstände zwischen einzelnen Segeln werden bei geringeren Sichtraddurchmessern schneller erreicht, weshalb das Sichtrad mit dem geringsten Durchmesser bei 12 Segeln die prozentual höchste Zunahme an Leistungsaufnahme hat.

5.3.4 Einfluss des Höhen-Durchmesser-Verhältnisses eines Sichtrads

Bei der bisherigen Optimierung der Sichtradstruktur sind ausschließlich einzelne Komponenten am Sichter verändert worden. Nachfolgend steht auch der komplexere Zusammenhang zwischen dem Verhältnis der Höhe h und dem Durchmesser d eines Sichtrads im Fokus. Die Bewertung des idealen h/d-Verhältnisses erfolgt anhand der operativen Zielgrößen Druckverlust und Trenngrenze des Sichters. In der Realität spielen aber natürlich auch hier andere Faktoren wie beispielweise die Fertigungskosten bei der Auswahl eine Rolle. Für den Vergleich zweier unterschiedlicher h/d-Verhältnisse ist es sinnvoll, eine der Zielgrößen gleichzusetzen. Leider ist das Einstellen einer identischen Trenngrenze iterativ sehr aufwendig, weshalb für einen Vergleich die gleichen theoretischen Trenneigenschaften eingestellt werden. Demnach müssen die wirkenden Widerstands- und Zentrifugalkräfte auf ein Partikel identisch sein. Dies führt dazu, dass zum Einstellen der gleichen Sichtradfläche und Radialgeschwindigkeit bei einer Halbierung der Höhe des Sichtrads eine Verdopplung des Sichtraddurchmessers erforderlich ist. Zeitgleich führt eine Verdopplung des Sichtraddurchmessers zu reduzierten Drehzahlen, um die gleichen Beschleunigungen zu erreichen.

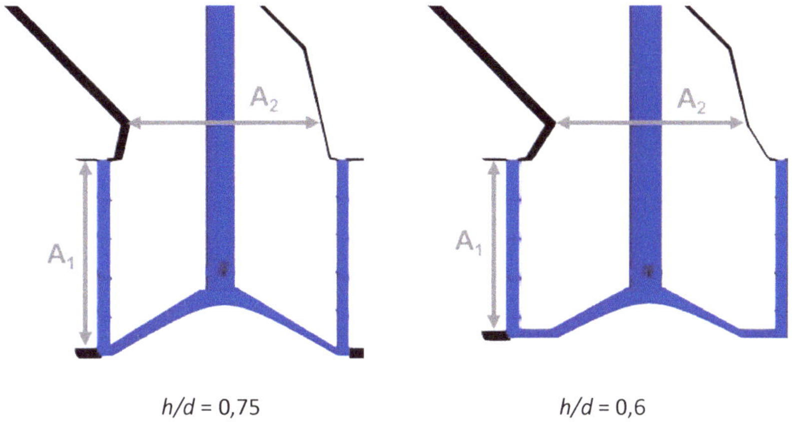

Abbildung 58: Vergleich zweier Sichträder mit unterschiedlichen h/d Verhältnissen und gleichen Sichtradflächen.

In Abbildung 58 sind exemplarisch zwei untersuchte Sichträder einer Baugröße mit unterschiedlichen h/d-Verhältnissen dargestellt. Für die nachfolgenden Untersuchungen werden Sichträder unterschiedlicher Größe mit einem h/d-Verhältnis von 0,6 und 0,75 verglichen. Das Sichtrad mit einem h/d-Verhältnis von 0,6 weist demnach immer einen um den Faktor 1,25 vergrößerten Sichtraddurchmesser auf. Die Drehzahl des Sichtrads ist deshalb um den Faktor 1,118 reduziert. Die Sichtradfläche A_1 und die Austrittsfläche A_2 sind in den Ausführungen stets identisch. Alle Untersuchungen beziehen sich auf einen Drehkorbsichter auf einer Vertikalmühle, da dieser Bautyp in der Praxis auch mit größeren Sichtraddurchmessern ausgeführt wird. Deshalb sind hier die Auswirkungen des h/d-Verhältnisses auf den Druckverlust bei unterschiedlichen Durchmessern von besonderem Interesse.

Die Ergebnisse zu den Auswirkungen des h/d-Verhältnisses auf den Druckverlust eines Sichtrads finden sich in Abbildung 59. Auf der y-Achse ist dabei die prozentuale Druckverluständerung eines Sichters bei einem h/d-Verhältnis von 0,75 gegenüber seinem Gegenstück mit einem h/d-Verhältnis von 0,6 dargestellt. Das bedeutet, dass bei einem Wert von 80 % auf der y-Achse das Sichtrad mit einem h/d-Verhältnis von 0,75 einen 20 % geringeren Druckverlust bei den gleichen Betriebsbedingungen aufweist, während bei einem Wert von 110% der Sichter mit einem h/d-Verhältnis von 0,75 einen 10 % höheren Druckverlust als sein Pendant generiert. Demnach stellt jeder im Diagramm aufgeführte Punkt einen Vergleich zweier Sichter bei einem Betriebszustand dar.

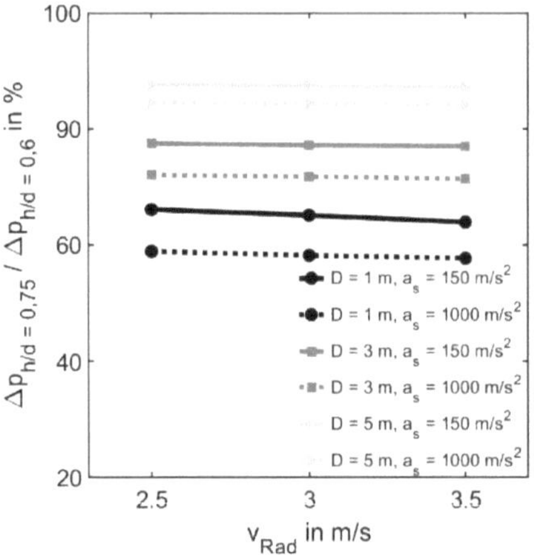

Abbildung 59: Auswirkungen der Beschleunigung, der Radialgeschwindigkeit im Sichtrad und des Sichtraddurchmessers auf die prozentuale Druckänderung zwischen einem Sichtrad mit einem h/d-Verhältnis von 0,75 und 0,6.

Die Betriebszustände variieren im Hinblick auf die Beschleunigung, die Radialgeschwindigkeit und den Sichtraddurchmesser. Die angegebenen Sichtraddurchmesser beziehen sich stets auf den Durchmesser des Sichters mit einem größeren Verhältnis. Eingezeichnet sind für einen Sichtraddurchmesser jeweils sechs Betriebspunkte mit je drei unterschiedlichen Radialgeschwindigkeiten zwischen 2,5 und 3,5 m/s und zwei Beschleunigungen mit 150 und 1000 m/s^2.

Abbildung 59 zeigt, dass bei allen untersuchten Betriebsbedingungen und Sichtraddurchmessern der Sichter mit einem h/d-Verhältnis von 0,75 einen geringeren Druckverlust hat. Die Radialgeschwindigkeit und der Volumenstrom haben dabei nur einen geringfügigen Einfluss auf die Änderung des Druckverlusts bei Variation des h/d-Verhältnisses.

Dies geht aus den Kurven hervor, die in Richtung der auf der x-Achse aufgetragenen Radialgeschwindigkeiten für alle Sichtraddurchmesser und Beschleunigungen einen nahezu horizontalen Verlauf aufweisen. Einen großen Einfluss auf die Änderung des Druckverlusts weist die Beschleunigung des Sichtrads auf. Laut der Abbildung ist es sinnvoll, bei feineren Produkten, die große Beschleunigungen und Zentrifugalkräfte benötigen, ein möglichst großes h/d-Verhältnis zu wählen. Auch eine Anpassung der Größenverhältnisse ist in Abhängigkeit des Sichtraddurchmessers angemessen. Die Grafik belegt, dass mit steigendem Sichtraddurchmesser ein Sichtrad mit einem h/d-Verhältnis von 0,75 im Vergleich zu seinem Gegenstück einen geringeren Druckverlust generiert. Bei einem Durchmesser von 1 m ist der Druckverlust beim größeren h/d-Verhältnis 37 - 43 % geringer, während bei einem Durchmesser von 5 m die Druckverluste nur 13 -16 % Unterschied betragen.

Die für die Untersuchung ausgewählten Betriebsbedingungen beziehen sich auf einen in der Praxis realistischen Anwendungsbereich. Aufgrund der Untersuchungen an nur zwei h/d-Verhältnissen sowie einer Fokussierung auf ausschließlich eine Sichtradgeometrie ist nicht zu gewährleisten, dass absolute Einsparpotentiale auf andere Sichträder übertragbar sind. Zudem ist ausschließlich das theoretische Trennprinzip der beiden Sichter identisch, was keine Aussage über reale Trennkurven erlaubt. Es kann jedoch davonausgegangen werden, dass generelle Zusammenhänge wie die Auswirkungen des Einflusses von Beschleunigung, Radialgeschwindigkeit und Sichtraddurchmesser auf das Druckverhältnis in Abhängigkeit zum h/d-Verhältnis auch auf andere Sichträder übertragbar sind. Diese These stützt sich auf die folgende Erklärung: Wie aus den geometrischen Zusammenhängen in Abbildung 58 ersichtlich ist, ist bei einem kleinerem h/d-Verhältnis der Sichtraddurchmesser größer, wodurch auch eine Vergrößerung des Tauchrohrdurchmessers erfolgt. Dies führt zu einer Reduktion des Druckverlusts, da die maximalen Geschwindigkeiten im Inneren des Sichters reduziert werden. Allerdings bewirkt ein kleineres h/d- Verhältnis auch eine geringere Höhe, wodurch der in das Innere des Sichtrad eintretende Luftstrom eine steilere Umlenkung in Richtung Ausgang erfährt. Diese steilere Umlenkung dominiert vor allem bei hohen Beschleunigungen und kleinen Durchmessern den Druckverlust und erklärt, warum vor allem bei diesen Bedingungen das Sichtrad mit einem h/d-Verhältnis von 0,75 ein größeres Einsparpotential des Druckverlusts hat.

5.3.5 Schlussfolgerung

Als Fazit dieses Kapitel lässt sich sagen, dass der in Kapitel 4 validierte numerische Berechnungsalgorithmus eine vielfältige und gezielte Untersuchung der strömungstechnischen Vorgänge in einem Abweiseradsichter gewährt. Anders als bei experimentellen Messmethoden liefert die CFD orts- und zeitaufgelöste Informationen zu Geschwindigkeit- und Druckprofilen der gesamten Strömung und kann die Bewegung einzelner Partikel detektieren. Dadurch ist eine verhältnismäßig schnelle Untersuchung des Einflusses von Betriebsparametern wie der Drehzahl des Sichtrads, des Volumenstroms der Luft, aber auch der Feststoffbeladung auf operative Zielgrößen wie den Druckverlust oder die Trenneigenschaften des Sichters möglich. Zudem ist auch eine geometrische Optimierung einzelner Regionen des Sichters sowie von komplexeren Zusammenhängen wie dem Einfluss des h/d-Verhältnisses eines Sichtrads durchführbar. Dies ist mit experimentellen Methoden aufgrund des immensen Kosten- und Zeitaufwandes undenkbar.

Allerdings zeigt sich, dass auch die CFD an rechnerische Grenzen stößt, weshalb beispielweise eine genauere Auflösung einzelner Partikel-Partikel-Kollisionen nur für kleine Rechengebiete möglich ist. Zur Begrenzung der Rechenzeit ist deshalb stets eine geschickte Auswahl der Randbedingungen erforderlich. Des Weiteren zeigen die Ergebnisse, dass eine Optimierung der Geometrie stets in Abhängigkeit der Betriebsbedingungen erfolgen muss. Als Beispiel sind hier die Segelflächenelemente zu nennen, die bei hohen Drehzahlen Druckverlusteinsparungen von mehr als 50 % ermöglichen, während sie bei geringen Drehzahlen kaum oder negative Effekte auf den Druckverlust haben.

6 Modellierung des Druckverlusts und der Trenncharakteristik[1]

Dieses Kapitel beschäftigt sich mit der mathematischen Modellierung des Druckverlusts und der Trenncharakteristik von Abweiseradsichtern. Das Ziel der mathematischen Modelle ist es, den bei CFD-Ansätzen auftretenden Rechenaufwand weiter zu reduzieren. Dadurch ist es möglich, neben geometrischen Optimierungen auch eine betriebsbedingte Prozessoptimierung in kurzen Entwicklungszeiten durchzuführen.

6.1 Modellierung des Druckverlusts

Der Druckverlust resultiert aus dem erforderlichen Energieaufwand für den Durchfluss des Fluids in einer Apparatur. Dies bedeutet, dass sich der Druckverlust eines Abweiseradsichters aus allen Anschlussleitungen, Verengungen, Krümmungen und Umlenkungen zusammensetzt. Generell lässt sich der Druckverlust einer beliebigen Strömung nach Gleichung 6.1 [68] zu:

$$\Delta p = e \cdot \frac{\rho_S \cdot u^2}{2}. \tag{6.1}$$

ausdrücken. Der Faktor e orientiert sich hierbei an der Art des Strömungsproblems. Für eine große Bandbreite an Rohren, Verengungen, Krümmungen und Umlenkungen existieren bereits eine Reihe von empirischen Gleichungen, die eine Abschätzung des Druckverlusts in Abhängigkeit von Prozess- und Geometrieparametern erlauben. Für Abweiseradsichter liegen bisher aber keine Berechnungsansätze vor.

[1] Inhalte dieses Kapitels sind in den folgenden Referenzen veröffentlicht und mit der Erlaubnis der Fachzeitschrift Minerals für diese Dissertation angepasst:

Betz, M., Nirschl, H., Gleiss, M., „Development of Prediction Models for Pressure Loss and Classification Efficiency in Classifiers“, Processes, (2022).

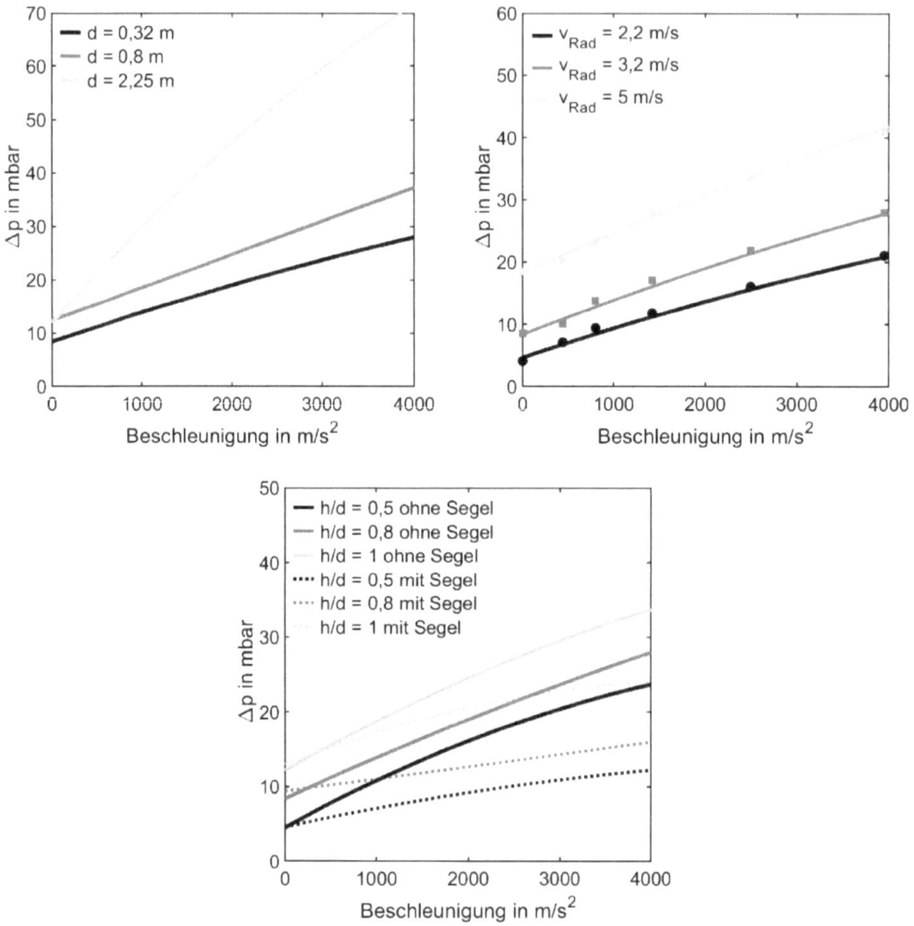

Abbildung 60: Druckverlust in Abhängigkeit der Beschleunigung bei verschiedenen Sichtraddurchmessern (links oben), Radialgeschwindigkeiten (rechts oben) sowie Geometrieparametern wie dem *h/d*-Verhältnissen und dem Einsatz von Segelflächenelementen (unten).

Die in dieser Arbeit vorgenommenen Untersuchungen zum Strömungsprofil zeigen, dass der Druckverlust in einem Abweiseradsichter maßgeblich auf hohe Tangentialgeschwindigkeiten im inneren Bereich des Sichtrads zurückzuführen ist. Eine von seiner Funktionsweise und dem Strömungsprofil ähnliche Apparatur ist der Zyklon. Bei Zyklonen setzt sich der Gesamtdruckverlust vorwiegend aus dem Druckverlust, der am Tauchrohr entsteht, zusammen, weshalb der Druckverlust in Abhängigkeit von innerer Umfangsgeschwindigkeit und mittlerer Axialgeschwindigkeit im Tauchrohr bestimmt wird

[69, 70]. Die Adaption der für Zyklone gültigen Formeln führt jedoch zu keinem Erfolg, weshalb in dieser Arbeit ein neuer, rein empirischer Ansatz entwickelt wurde. Infolgedessen steht die Beschreibung des empirischen Modells anhand eines Drehkorbsichters als Einzelsichter im Vordergrund:

Die Grundlage für das Modell stellen Funktionen dar, die den Einfluss von Betriebs- und Geometrieparametern auf den Druckverlust abbilden. In Abbildung 60 sind beispielhaft die Funktionen dargestellt, die den Druckverlust in Abhängigkeit zu verschiedenen Einflussgrößen zeigen. Untersucht wird der Einfluss der Beschleunigung bei verschiedenen Sichtraddurchmessern, Radialgeschwindigkeiten sowie Geometrieparametern auf den Druckverlust im Sichter. Als Geometrieparameter sind das h/d-Verhältnis sowie der Einsatz von Segelflächenelementen im Modell berücksichtigt. Die Funktionen stammen aus einer Reihe von Messwerten bei verschiedenen Einstellungen. Zur Bestimmung der Messwerte kommt der in dieser Arbeit vorgestellte numerische Algorithmus zum Einsatz, da dadurch bei verhältnismäßig geringem Zeit- und Kostenaufwand eine hinreichend genaue Bestimmung des Druckverlusts möglich ist.

Im Anschluss lassen sich aus den Messwerten Funktionen ableiten, die für den kompletten Anwendungsbereich Gültigkeit besitzen. Dadurch ist es nicht notwendig, jede Einstellung zu simulieren. Für jeden untersuchten Betriebsparameter sind dabei mindestens drei Messwerte bestimmt. Messpunkte zwischen einem Größenbereich werden mittels einer linearen Interpolation zwischen höherem und geringerem Wert skaliert.

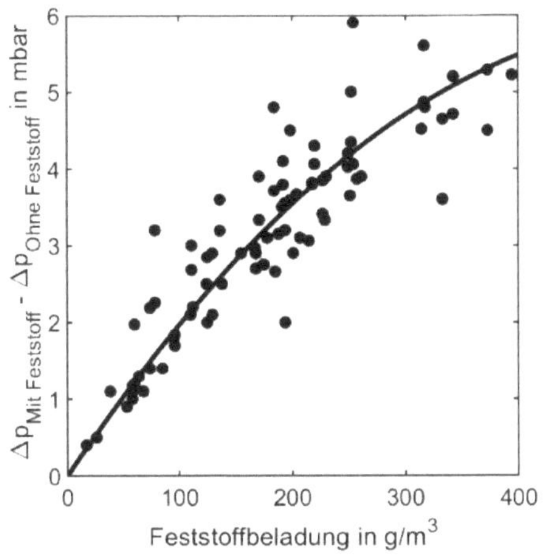

Abbildung 61: Differenz des Druckverlusts zwischen einer Berechnung mit Feststoff und ohne Feststoff in Abhängigkeit der Feststoffbeladung bezogen auf das Feingut.

Der Nachteil des vorgestellten empirischen Modells ist, dass sich mit jedem neu untersuchten Parameter die erforderliche Versuchsmatrix um den Faktor der untersuchten Größenordnungen multipliziert. Deshalb ist es nicht möglich, eine unzählige Anzahl an geometrischen Einflussgrößen zu untersuchen. Zusätzlich ist das Modell in der Folge auf die untersuchten Parameter begrenzt. Dies ist aber in den meisten Fällen kein Problem, da Sichtradhersteller in der Regel die Sichtradauslegung aufgrund des immensen fertigungstechnischen Aufwands einer Neuauslegung standardisieren. Nach einer einmaligen Kalibrierung auf den jeweiligen Sichtertyp eines Herstellers ist das Modell anwendbar.

Zusätzlich besteht die Möglichkeit, den Erstellungsaufwand mit Hilfe von physikalischen Zusammenhängen und Erkenntnissen weiter zu reduzieren. Beispielhaft erfolgt dies in Abbildung 61 für den Einfluss der Feststoffbeladung auf den Druckverlust. Eine Auftragung der Differenz zwischen Druckverlusten mit und ohne Feststoff gegenüber der Feststoffbeladung im Feingut zeigt, dass der aufgrund der Partikel resultierende Druckverlust mit der Feststoffbeladung im Feingut korreliert. Durch das Erstellen der Funktion kann der Einfluss der Feststoffbeladung auf den Druckverlust abgeschätzt werden und hat im Anschluss für alle Geometrien und Betriebsbedingungen Gültigkeit. Zur Validierung des empirischen Modells erfolgt eine Anwendung des Konzepts auf bestehende Sichträder der Fa. Gebr. Pfeiffer SE. In Abbildung 62 sind die mit dem kalibrierten Modell berechneten Druckverlustwerte und die experimentell gemessenen Werte gegenübergestellt. Die Auftragung des mit dem Modell berechneten Werts befindet sich auf der y-Achse, die experimentell bestimmten Werte auf der x-Achse.

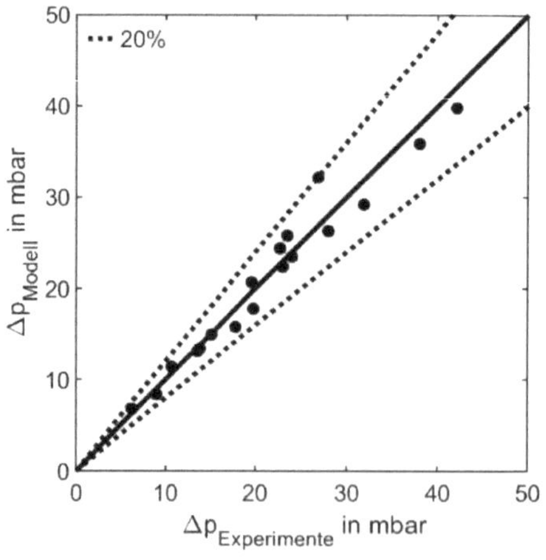

Abbildung 62: Vergleich des Druckverlusts zwischen empirischem Modell und Experiment.

Abweichungen von weniger als 20 % liegen innerhalb der gestrichelten Linien. Die Messpunkte beziehen sich auf drei unterschiedliche Sichtradgrößen bei unterschiedlichen Beschleunigungen, Radialgeschwindigkeiten und Feststoffbeladungen und decken damit den kompletten Anwendungsbereich des Sichters ab. Der Vergleich zeigt, dass das Modell eine maximale Abweichung von < 20 % aufweist. Nach Erstellung der Kalibrierungsfunktionen ist es demnach möglich, mit Hilfe des mathematischen Modells den Druckverlust hinreichend genau in wenigen Sekunden zu berechnen.

6.2 Modellierung des Trennverhaltens eines Sichters

In diesem Abschnitt wird die vorgenommene Anpassung des in Kapitel 2.5.3 vorgestellten Modells von Spötter [23] zur Berechnung der Trenngrenze und der Trenngradkurve vorgestellt. Der modifizierte Ansatz basiert weiterhin auf der Berechnung von Flugbahnen einzelner Partikel zwischen zwei Sichtradschaufeln und orientiert sich dadurch näher am physikalischen Trennprozess als rein empirische Ansätze. Bisherige Erkenntnisse in dieser Arbeit stützen die These, dass der Trennprozess vorwiegend zwischen den Sichtradschaufeln stattfindet, weshalb eine numerische Integration der Bewegungsgleichungen für ein Partikel in diesem Bereich ein geeigneter Ansatz ist.

Die bis dato zeitlimitierende Größe bei der Anwendung von Spötters Modell ist die Bestimmung des Strömungsprofils, da für eine Anwendung der Berechnungsformeln eine Parametrisierung des auftretenden Wirbels zwischen zwei Sichtradschaufeln erforderlich ist. Zusätzlich ist die Parametrisierung sehr subjektiv und damit fehleranfällig. Untersuchungen zum Strömungsprofil zwischen zwei Sichtradschaufeln in Kapitel 5 zeigen, dass der sich ausbildende Wirbel stark von konstruktiven und betriebsbedingten Parametern beeinflusst wird. Das Strömungsverhalten scheint zu komplex, um die Strömung und Wirbelbildung mit Hilfe von Skalierungsgesetzen zu beschreiben. Für eine Weiterentwicklung muss deshalb vor allem der Zeitaufwand bei der Bestimmung des Strömungsprofils reduziert werden. Bislang geschieht die Bestimmung mit Hilfe von Hochgeschwindigkeitskameras oder dreidimensionalen Simulationen.

Mit der Annahme, dass das Strömungsprofil zwischen zwei Sichtradschaufeln nahezu rotationsymmetrisch ist auch ein vereinfachter zweidimensionaler Ansatz zur Bestimmung des Strömungsprofils möglich, der sich ausschließlich auf einen rotationsymmetrischen Ausschnitt des Sichters fokussiert. Hier wird angenommen, dass die axiale Strömungskomponente annähernd gleichmäßig über der Höhe des Sichters verteilt ist. M. Weers [71] beweist in seiner Arbeit, dass dies jedoch nicht immer gerechtfertigt ist und durchaus auch ungleichmäßige Verteilung vorliegen können.

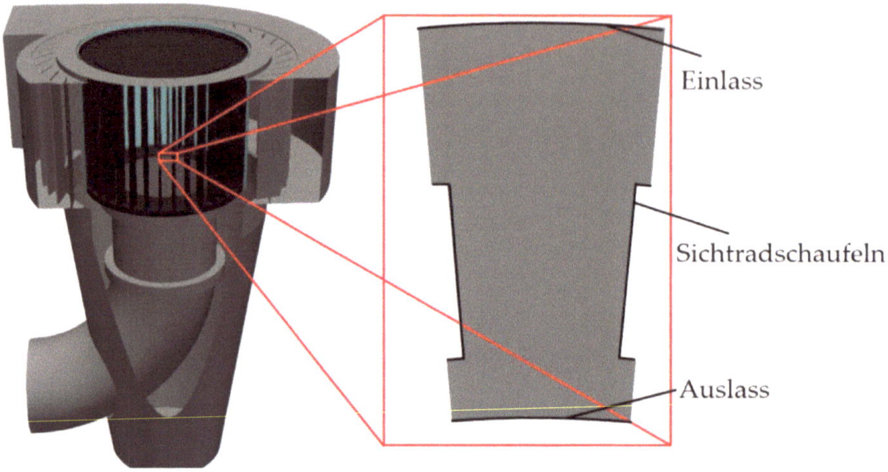

Abbildung 63: Darstellung des zweidimensionalen Rechengebiets.

In Abbildung 63 ist das ausreichende Rechengebiet am Beispiel eines Sichtrads mit radialen Sichtradschaufeln dargestellt. Für das Einstellen der Randbedingungen empfiehlt es sich, einen Bereich vor dem Sichtrad und einen Bereich im Inneren des Sichtrads in die Betrachtung einzubeziehen. Dies ist sinnvoll, da diese Arbeit gezeigt hat, dass der Bereich vor dem Sichtrad und im Inneren des Sichters Einfluss auf die Strömung zwischen den Sichtradschaufeln nimmt. An dieser Stelle sei auf die Segelflächenelemente oder den Tauchrohrdurchmesser verwiesen, die einen geringen Einfluss auf die Radialgeschwindigkeit zwischen zwei Sichtradschaufeln haben. Die tangentiale Strömungskomponente ist allerdings aufgrund der festen Geschwindigkeit der rotierenden Schaufeln deutlich weniger dem Einfluss geometrischer Parameter außerhalb der zwei Sichtradschaufeln unterworfen.

Eine Fokussierung auf eine zweidimensionale Betrachtung hat zudem den Vorteil, dass eine Vereinfachung und Beschleunigung der Gittergenerierung möglich sind, da eine Vernetzung einer komplexeren Geometrie in der Regel einen Großteil der Simulationszeit einnimmt. Zusätzlich ist mit Hilfe des in OpenFOAM freizugänglichen Werkzeugs blockMesh in Verbindung mit der Software Matlab eine Automatisierung der Gittergenerierung in Abhängigkeit zum Schaufelprofil und des Sichtraddurchmessers möglich. BlockMesh vernetzt eine Geometrie in Blöcken, weshalb bei der Erstellung des Gitters die Vorgabe aller Eckpunkte ausreicht. Diese lassen sich in Abhängigkeit zum Sichtraddurchmesser und Schaufelprofil berechnen, weshalb durch eine Berechnungsroutine in Matlab der Vorgang automatisierbar ist.

Im Anschluss an die Gittererstellung wird in einer zweidimensionalen Simulation in OpenFOAM die Berechnung des Strömungsprofils vorgenommen. Da bei der Simulation alle auf die Partikel wirkenden Kräfte berücksichtigt werden können, ist eine Parametrisierung des Strömungsprofils nicht mehr notwendig und einzelne Partikelbahnen lassen sich direkt berechnen. Allerdings empfiehlt es sich zur Abschätzung von Partikel-Partikel- und Partikel-Wand-Kollisionen, die aus Experimenten erzielbare Skalierungsgesetze für die effektive Viskosität und Restitutionskoeffizienten in Abhängigkeit von Feststoffbeladung und Partikelgeschwindigkeit anzuwenden. Eine vollständige Auflösung von Partikel-Partikel-Interaktionen mittels CFD-DEM ist zwar ebenfalls möglich, hat allerdings einen hohen Rechenaufwand. Die für die zweidimensionale Berechnung erforderlichen Annahmen lauten wie folgt:

- Partikeleintritt bei Einlass erfolgt mit Partikelgeschwindigkeit in Abhängigkeit der Materialaufgabe,
- Lufteintrittsgeschwindigkeit am Einlass ist in Abhängigkeit der Winkelanstellung der statischen Leitschaufeln zu wählen,
- Einführung von Skalierungsgesetzen für die effektive Viskosität η_{eff} und Partikel-Wand-Kollisionen in Abhängigkeit von Geschwindigkeit und Beladung sind möglich,
- axiale und dreidimensionale Turbulenz- und Schwankungseffekte werden vernachlässigt,
- Rotationsymmetrie bei gegenüberliegenden Wänden für Luft und Partikel finden Anwendung,
- Partikel-Partikel-Interaktionen werden nicht berücksichtigt,
- Partikel, die am Sichtrad abgewiesen werden, werden aus der Simulation gelöscht.

Durch die Detektion und Bilanzierung von Partikelbahnen ist im Anschluss die Trenngrenze sowie die Trenngradkurve bestimmbar. Die Berechnung der Trenngradkurven ist zum einen durch die Vorgabe der Trennschärfe nach Gleichung 2.23 möglich, zum anderen können auch direkt die simulierten Fein- und Grobgutfraktionen zur Berechnung herangezogen werden.

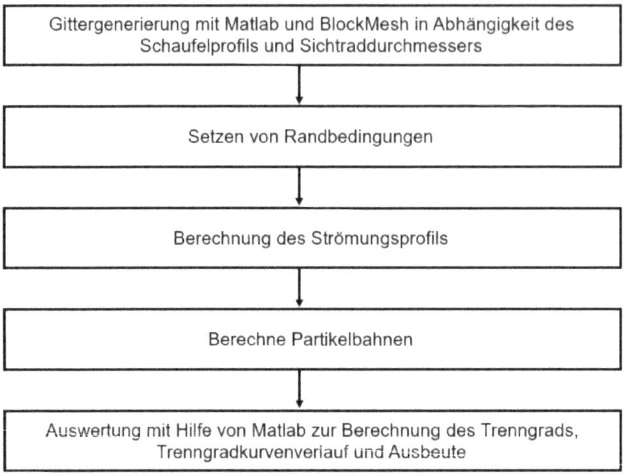

Abbildung 64: Ablaufplan des Modells zur Berechnung der Trenngrenze und des Trenngradkurvenverlaufs in Abhängigkeit von geometrischen und betriebsbedingten Parametern.

Auch dieser Prozess ist mit Hilfe von Matlab automatisierbar, sodass der komplette Berechnungsprozess für die Trenngrenze und Trenngradkurvenverlauf eines Sichters in Abhängigkeit von geometrischen und betriebsbedingten Parametern in weniger als zehn Minuten durchführbar ist. Einen genauen Ablauf des Modells zur Berechnung der Trenngrenze und des Trenngradkurvenverlaufs liefert Abbildung 64.

Es sei darauf hingewiesen, dass die Abschätzung des Einflusses der Feststoffbeladung auf das Strömungsprofil in zweidimensionalen Simulationen fehleranfällig ist. Dies liegt zum einen daran, dass die Verteilung des Feststoffs im Außenbereich des Sichtrads und der Höhe ein dreidimensionaler dynamischer Prozess ist und keineswegs eine vollständige rotationsymmetrische Verteilung vorliegt, zum anderen liegen bisher auch keine Informationen zur Sedimentationsgeschwindigkeit der Partikel in Abhängigkeit zur Feststoffbeladung vor, weshalb die durchschnittliche Feststoffbeladung vor dem Sichtrad unbekannt ist. Demnach gestaltet sich die Steuerung der Feststoffbeladung in zweidimensionalen Simulationen schwierig. Zusätzlich ist auch der Fish-Hook Effekt bei der aktuellen Modellierung des Trenngrads vollständig vernachlässigt, da auch dieser stark von der Feststoffbeladung vor dem Sichtrad abhängt.

Des Weiteren liegen bisher keine umfangreichen materialspezifischen Experimente vor, weshalb der Stoßvorgang zwischen Partikel und Wand mit einem Restitutionskoeffizienten von 0,3 und die effektive Viskosität mit einer geringen Zunahme in Abhängigkeit zur Feststoffbeladung abgeschätzt wird.

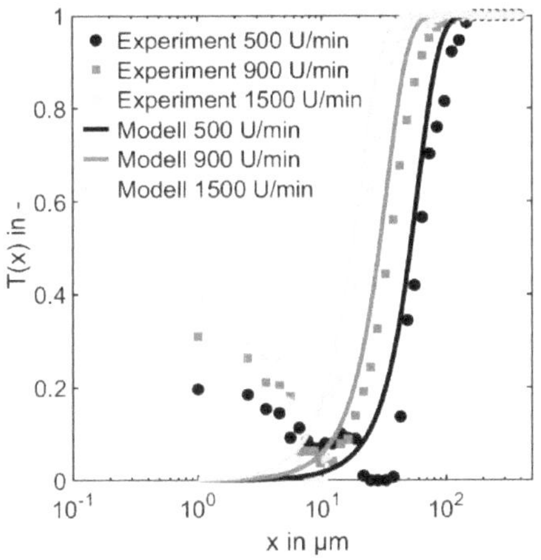

Abbildung 65: Vergleich der Trenngradkurven zwischen Modell und Experiment bei drei Drehzahlen.

Materialspezifische Untersuchungen zur Bestimmung von Skalierungsgesetzen sind für eine genauere Berechnung allerdings erforderlich. Hier sei auf die Arbeit von M. Weers [65] verwiesen, der beispielweise durch eine Bestimmung des Restitutionskoeffizienten in Abhängigkeit von Materialeigenschaften und Relativgeschwindigkeit zwischen Partikel und Wand das Modell von Spötter [23] weiterentwickelt hat und deutlich genauere Trennfunktionen berechnet. Eine Übertragung auf die numerischen Parameter im vereinfachten zweidimensionalen Ansatz ist ratsam.

Darüber hinaus sind auch konstruktive Eigenschaften im Inneren des Sichtrads, die auf das Strömungsprofil wirken, nur bedingt zu berücksichtigen, da das Rechengebiet bei den zweidimensionalen Simulationen zur Reduktion der Rechenzeit nur bis zur Außenkante des Tauchrohrs reicht. Nichtsdestotrotz beweist ein Vergleich zwischen den im Experiment und Modell bestimmten Trenngradkurven in Abbildung 65, dass das Modell dazu in der Lage ist, die Trenncharakteristik eines Abweiseradsichters grob abzubilden. Der maximale Fehler für die drei untersuchten Drehzahlen ist < 25 % und auch die Simulationszeit konnte im Vergleich zu dreidimensionalen Simulationen von mehr als 24 Stunden auf wenige Minuten reduziert werden.

7 Zusammenfassung und Ausblick

Die vorliegende Arbeit beschäftigt sich mit der konstruktiven Optimierung und mathematischen Modellierung des Druckverlusts und der Trenncharakteristik in Abweiseradsichtern. Dabei stand für ein tieferes Verständnis der strömungstechnischen Vorgänge die Entwicklung eines numerischen Algorithmus im Vordergrund. Die nachfolgenden Erläuterungen fassen die Erkenntnisse aus den angestellten Untersuchungen zusammen und geben einen Ausblick für zukünftige Forschungsansätze.

Aufbau und Validierung eines numerischen Lösers zur Simulation der strömungstechnischen Vorgänge

Die komplexen strömungstechnischen Vorgänge in einem Abweiseradsichter, die sich durch unterschiedliche Feststoffbeladungen und hohe Turbulenzen des Partikel-Luftgemisches auszeichnen, stellen den in dieser Arbeit neuentwickelten numerischen Löser vor große Herausforderungen. Allerdings hat eine ausführliche Validierung des numerischen Algorithmus anhand von Vergleichen zwischen Experimenten und Simulationen an zwei unterschiedlichen Sichtertypen und -größen gezeigt, dass der entwickelte Löser fähig ist, charakteristische Kenngrößen hinreichend genau zu ermitteln.

Für den Druckverlust stellte sich bei allen untersuchten Einstellungen eine maximale Abweichung von 15 % ein. Diese Abweichungen sind auf das hochturbulente Strömungsprofil im Inneren des Sichters zurückzuführen, das mit Hilfe des Modellierungsansatzes nicht vollständig erfasst wird. Dabei unterschätzt der Algorithmus den Druckverlust bei allen Anwendungen, weshalb durch die Einführung eines Korrekturfaktors der Fehler weiter reduzierbar ist. Des Weiteren hat sich das numerische Modell auch bei der Reproduktion der Trenneigenschaften bewährt. Für die Trenngrenze x_{50} betragen die maximalen Abweichungen, bezogen auf das Experiment, bis zu 20 %. Allerdings erfasst das Modell bereits Auswirkungen kleinerer geometrischer Änderungen wie den Anstellwinkel der Sichtradschaufeln. Zusätzlich durchgeführte Wiederholungsmessungen bei den Experimenten demonstrieren, dass bereits Mess- und

Betriebsschwankungen zu Abweichungen von bis zu 15 % führen und der Fehler demnach deutlich kleiner ist. Es muss jedoch erwähnt werden, dass sich aufgrund der vereinfachten Modellierung von Partikel-Partikel-Interaktionen deutlich steilere Trennschärfen κ in der Simulation einstellen, sodass auch hier eine Korrekturfunktion erforderlich ist. Eine genauere Auflösung von Partikel-Partikel-Stoßvorgängen mit Hilfe der CFD-DEM zwischen zwei Sichtradschaufeln hat aber gezeigt, dass die Abweichung der Trennschärfe vorwiegend darauf zurückzuführen ist.

Des Weiteren ist mit der Anwendung der MP-PIC-Methode der Einfluss von Partikel-Partikel-Interaktionen auf die dreidimensionale Partikelverteilung in einem Abweiseradsichter abschätzbar und der auftretende Fish-Hook Effekt ist zumindest in abgeschwächter Form abbildbar. Es ist also festzuhalten, dass der numerische Löser aufgrund seiner Flexibilität dazu geeignet ist, die vielschichtigen unterschiedlichen Vorgänge in den einzelnen Zonen eines Abweiseradsichters abzubilden. Je nach untersuchter Region und Wunsch nach Genauigkeit bieten sich unterschiedliche Herangehensweisen an.

Detaillierte Untersuchung der strömungstechnischen Vorgänge in Abweiseradsichtern

Im Anschluss erfolgte eine ausführliche Analyse des Strömungsprofils und der Partikelbewegung in Abhängigkeit zu den verschiedenen Betriebsparametern wie der Sichtrad-Drehzahl, dem Gas-Volumenstrom und der Feststoffbeladung. Allgemein lassen sich die strömungstechnischen Vorgänge in Abweiseradsichtern in drei charakteristische Zonen einteilen. Dies sind erstens der Bereich vor dem Sichtrad, zweitens der Bereich zwischen den Sichtradschaufeln und drittens der innere Bereich des Sichters.

In der ersten Zone kommt es zu einer Ansammlung von abgewiesenen Partikeln zwischen den statischen Leitschaufeln und dem Sichtrad. Die Ausbildung von instationären Partikelclustern, deren Verteilung im Außenbereich des Sichtrads schwankt, behindert in der Folge sterisch den Transport neu eintretender Partikel zum Sichtrad. Dies begünstigt die Agglomerationsvorgänge kleinerer Partikel. Infolgedessen befinden sich auch im Grobgut vermehrt kleinere Partikel durch das Auftreten von Schwarmsedimentation. Eine zu hohe Feststoffbeladung in Verbindung mit einer ungleichmäßigen Luft-Partikel-Verteilung verstärkt somit die Wahrscheinlichkeit für das Auftreten des Fish-Hook Effekts. Aufgrund der fehlenden Modellierung von agglomerationsfördernden Kräften ist allerdings keine vollständige Reproduktion des Fish-Hook Effekts in den Simulationen möglich.

Die Analyse von Bahnen unterschiedlicher Partikelgrößen offenbart, dass die Abtrennung der groben Partikel vor allem zwischen den Sichtradschaufeln stattfindet. Dabei bewirkt eine Erhöhung der Drehzahl und der Aufgabebeladung eine Reduktion der Trenngrenze, während eine Erhöhung des Volumenstroms die Trenngrenze erhöht. Höhere Aufgabebeladungen führen jedoch vermehrt auch zu verschlechterten Trennschärfen, da die Wahrscheinlichkeit für Partikel-Partikel-Stöße zunimmt. Zudem ist festzuhalten, dass die Partikel aufgrund von geringeren Tangentialgeschwindigkeiten als der des Sichtrads vor allem mit der nacheilenden Schaufel kollidieren. Es ist davon auszugehen, dass dadurch vermehrt Zusammenstöße von am Sichtrad abprallenden und eintretenden Partikel auftreten und sich auch hier Partikelcluster bilden.

Des Weiteren zeigen die Beobachtungen, dass hohe Tangentialgeschwindigkeiten in Verbindung mit dem Starrkörperwirbel in der Kernzone des Sichters maßgeblich für den Druckverlust verantwortlich sind. Da die Abtrennung der groben Partikel zwischen den Sichtradschaufeln erfolgt, ist das Auftreten der maximalen Tangentialgeschwindigkeit im schaufelfreien Innenraum des Sichtrads unerwünscht und ein Beweis für eine unvorteilhafte Auslegung des Sichtrads.

Optimierung der Geometrie eines Abweiseradsichters

Basierend auf den Erkenntnissen zum Strömungsprofil sind in der Folge geometrische Maßnahmen zur Reduzierung des Druckverlusts und der Trenngrenze vorgestellt worden. Die konstruktiven Maßnahmen sind stets an geometrische und betriebsbedingte Faktoren gekoppelt, weshalb das Einsparpotential von der bisherigen Struktur und den Einstellungen abhängt.

Es zeigt sich, dass zur Vermeidung des Fish-Hook Effekts sowie einem möglichen Zusammenbruch des Materialtransports eine möglichst homogene Luft- und Materialverteilung zwischen den statischen Leitschaufeln und dem Sichtrad anzustreben ist. Zur Verbesserung der Luftführung hat sich ein zweiter Lufteinlass, die Erhöhung der Sichtradschaufelanzahl sowie der Einsatz von Segelflächenelementen vorteilhaft ausgewirkt. Neben geometrischen Maßnahmen können auch die Vorklassierung des Aufgabeguts, die Verwendung eines Hilfsmittels, das die Agglomerationsbildung der Partikel vermeidet, sowie eine möglichst gute Dispergierung des Aufgabeguts helfen.

Die Verbesserung der Trenneigenschaften eines Sichters ist vor allem durch die Anpassung der Schaufelstruktur erreichbar. Ziel der geometrischen Anpassungen muss es sein, ein möglichst gleichmäßiges radiales Strömungsprofil zwischen den Sichtradschaufeln zu erreichen und den Stoßwinkel der Partikel mit der nacheilenden Schaufel vorteilhaft auszulegen. Bei den hier durchgeführten Untersuchungen ist mit Hilfe eines positiv gewellten Schaufelprofils und einer Erhöhung der Schaufelanzahl eine Reduktion der Trenngrenze von bis zu 20 % realisierbar gewesen.

Zur Reduktion des Druckverlusts ist die Installation von Segelflächenelementen zu empfehlen, die die hohen Tangentialgeschwindigkeiten im Inneren des Sichtrads verringern. Zusätzlich lässt sich mit Hilfe der CFD die ideale Form und Anzahl der Segelflächenelemente in Abhängigkeit zu geometrischen Paramatern und Betriebsbedingungen bestimmen.

Modellierung des Druckverlusts und der Trenncharakteristik eines Abweiseradsichters

Zur Prozessoptimierung in kurzen Entwicklungszeiten ist die CFD aufgrund ihrer großen Rechenzeiten zu aufwendig, weshalb die Entwicklung zweier Modelle für die Berechnung des Druckverlusts und der Trenncharakteristik eines Sichters das Ziel war. Für den Druckverlust hat sich ein Modell basierend auf einem rein empirischen Ansatz bewährt, für welches der entwickelte numerische Algorithmus die Datengrundlage liefert. So lassen sich Funktionen für den Druckverlust in Abhängigkeit zur Beschleunigung bei verschiedenen Sichtraddurchmessern, Radialgeschwindigkeiten sowie Geometrieparametern ableiten, die dann vom Modell zur Berechnung genutzt werden. Der Vergleich von Experiment und Modell zeigt hierbei eine gute Übereinstimmung. Allerdings ist das Modell auf ein Sichtrad mit unterschiedlichen Sichtraddurchmessern und Betriebsbedingungen beschränkt und verlangt daher eine Kalibrierung.

Für die Trenncharakteristik empfiehlt sich also die Überführung eines bestehenden Flugbahn-Modells in eine automatisierte zweidimensionale Simulation in OpenFOAM, sodass in weniger als zehn Minuten eine Berechnung der Trenngrenze und Trenngradkurvenverläufen möglich ist. Der Vergleich zwischen Experiment und Modell liefert hier eine Abweichung von maximal 25 %. Durch die Anwendung von Skalierungsgesetzen für Partikel-Partikel- und Partikel-Wand-Kollisionen ist der Fehler weiter reduzierbar. Abschließend sei erwähnt, dass auch durch eine bessere Abschätzung geometrischer Einflussfaktoren im Inneren des Sichtrads der Fehler zu minimieren ist.

Ausblick

Die vorliegende Arbeit fokussiert sich vor allem auf das stationäre Verhalten der strömungstechnischen Vorgänge in Abweiseradsichtern. Dies ist durchaus sinnvoll, da Abweiseradsichter kontinuierlich arbeiten und An- und Abfahrvorgänge eine untergeordnete Rolle spielen. Die Untersuchungen zeigen jedoch, dass vor allem auch die Partikelakkumulation zwischen den statischen Leitschaufeln und dem Sichtrad ein instationärer Prozess ist und eine Abschätzung einer kritischen Feststoffbeladung zur besseren Vorhersage des Fish-Hook Effekts durchaus wünschenswert wäre. Der Fish-Hook Effekt tritt vor allem bei sehr feinen Partikeln in hohen Ausbeuteverlusten auf, weshalb ein besseres Verstehen und Abbilden dieses Phänomens in der Industrie Priorität genießt. Des Weiteren ist zur Abbildung von Agglomerationsvorgängen die Einbindung von elektrostatischen oder Van-der-Waals-Kräften erforderlich. Neue Erkenntnisse sind auch bei einer Erweiterung des Modells für die Trenncharakteristik um den Fish-Hook Effekt erforderlich.

Zudem vernachlässigt diese Arbeit häufig materialspezifische Einflüsse. Bei der numerischen Simulation sind die Restitutionskoeffizienten oder die Parameter in den Partikel-Partikel-Stoßmodellen bisher so gewählt, dass die Simulationen möglichst gut mit Experimenten übereinstimmen. Idealer ist es allerdings, die Parameter aus den Experimenten in Abhängigkeit zum Materials zu bestimmen. Dadurch ist bei einem Materialwechsel keine aufwendigere Validierung des Algorithmus erforderlich. Zudem weisen die beiden bisherigen Partikelsysteme ähnliche Eigenschaften im Hinblick auf Dichte und Sphärizität auf, weshalb erst geklärt werden muss, ob der numerische Algorithmus auch bei gänzlich anderen Materialen geeignet ist.

Grundsätzlich liefert die vorliegende Arbeit also wesentliche Erkenntnisse zur Optimierung der strömungstechnischen Vorgänge in Abweiseradsichtern, genannte Forschungsansätze, die im Verlauf des Untersuchungsprozesses dieser Arbeit aber keine Berücksichtigung finden konnten, gilt es in zukünftigen Arbeiten näher ins Auge zu fassen.

Symbolverzeichnis

Lateinische Symbole

a	Koeffizienten	-
a_s	Beschleunigung Sichtrad	m/s^2
$\vec{A}$	Flächennormalen	m^2
A_P	Oberfläche Partikel	m^2
A_{SI}	Oberfläche einer Kugel	m^2
b	Koeffizienten	-
c	Koeffizienten	-
C_D	Widerstandskoeffizienten	-
Co	Courant-Friedrichs-Lewy-Zahl	-
c_P	Feststoffbeladung	kg/m^3
c_w	Widerstandsbeiwert	-
d	Sichtrad Durchmesser	m
d_P	Durchmesser Partikel	m
e	Faktor	-
e_n	Restitutionskoeffizient	-
f	Feingutanteil	-
F_P^F	Kräfte von Fluid auf Partikel	N

F_P^G	Gravitationskraft Partikel	N
$F_{p,j}^k$	Auf Partikel wirkende Kräfte durch direkten Kontakt	N
$F_{p,k}^{nk}$	Auf Partikel wirkende Kräfte durch keinen direkten Kontakt	N
$F_{\Delta P}$	Kraft aufgrund Druckgradient	N
F_W	Widerstandskraft	N
F_Z	Zentrifugalkraft	N
g	Grobgutanteil	-
$\vec{g}$	Erdbeschleunigung	m/s²
h	Höhe Sichtrad	m
k	Turbulente Kinetische Energie	m²/s²
k_t	Turbulente Kinetische Energie	m²/s²
I_P	Impuls Partikel	N · s
L_{eff}	Minimaler Abstand Wirbelrand zu nacheilender Schaufel	m
$L(r)$	Freie durchströmbare Länge in Abhängigkeit des Radius	m
M	Drehmoment Motor	N · m
m_A	Masse Aufgabegut	kg
$\dot{m}_A$	Massenstrom Aufgabegut	kg/h
m_F	Masse Feingut	kg
m_G	Masse Grobgut	kg
M_P	Drehmoment Partikel	N · m
m_P	Masse Partikel	kg
N	Anzahl Schaufeln Sichtrad	-
n	Drehzahl	1/s
n_P	Anzahl Partikel	-

$Offset$	Einrückung des Wirbels	m
Δp	Druckverlust	Pa
P	Leistung Motor	W
P_F	Druckgradient Flüssigkeit	m/s^2
P_S	Konstanten	-
phi	Formfaktor	-
q_A	Dichteverteilung Aufgabegut	1/m
q_G	Dichteverteilung Grobgut	1/m
r	Radius	m
r_{abs}	Abstand zwischen Partikelaufprallort und Sichtradachse	m
$\vec{r}_i$	Ortsfaktor	m
r_s	Außenradius Schaufel	m
Re_P	Partikel-Reynoldszahl	-
R_W	Radius Wirbel zwischen zwei Sichtradschaufeln	m
S_{ij}	Mittlere Scherrate	1/s
S_P	Impulsaustauschterm Fluid Feststoffphase	m/s^2
t	Zeit	s
ti	Tiefe der Schaufeln Sichtrad	m
T	Trenngrad bzw.- Trennfunktion	-
u_F	Fluidgeschwindigkeit	m/s
u_P	Partikelgeschwindigkeit	m/s
u_{rad}	Radiale Geschwindigkeit	m/s
u_{rel}	Relativgeschwindigkeit zwischen Partikel und Fluid	m/s
$u_{\varphi,F}$	Umfangsgeschwindigkeit Fluid	m/s

$u_{\varphi,P}$	Umfangsgeschwindigkeit Partikel	m/s
$u_{\varphi,R}$	Umfangsgeschwindigkeit Sichtrad	m/s
u_τ	Schubspannungsgeschwindigkeit	m/s
v_a	Partikelgeschwindigkeit vor Stoß	m/s
V_{Cell}	Volumen einer Gitterzelle	m^3
$\dot{V}_F$	Volumenstrom Fluid	m^3/s
V_i	Volumen des Partikels i in einer Gitterzelle	m^3
$\vec{v}_i$	Geschwindigkeitsvektor	m/s
$\bar{v}_i$	Zeitlich gemittelter Geschwindigkeitsvektor	m/s
v'_i	Schwankung Geschwindigkeitsvektor	m/s
V_P	Volumen Partikel	m^3
v_r	Radialgeschwindigkeit Partikel	m/s
$v_{r,aufprall}$	Radialgeschwindigkeit Partikel nach Aufprall	m/s
v_{rev}	Reflektionsgeschwindigkeit	m/s
v_{Wirbel}	Geschwindigkeit Wirbel zwischen Sichtradschaufeln	m/s
$w_{r,aufprall}$	Radialgeschwindigkeit Fluid nach Aufprall	m/s
w_r	Radialgeschwindigkeit Fluid	m/s
w_p	rotatorische Partikelgeschwindigkeit	m/s
x	Partikelgröße	m
x_{25}	Partikelgröße, bei der 25 % im Grobgut landen	m
x_{50}	Partikelgröße, bei der 50 % im Grobgut landen	m
x_{75}	Partikelgröße, bei der 75 % im Grobgut landen	m
$x_{t,th}$	Theoretisches Trennkorn bzw. Trenngrenze	m
y	Wandabstand zu Mittelpunkt Gitterzelle	m

y^+	Dimensionsloser Wandabstand	-

Griechische Symbole

α	Anstellungswinkel Sichtradschaufeln	°
α_F	Phasenanteil Fluid	-
α_P	Phasenanteil Feststoff	-
β	Koeffizient	-
γ	Koeffizient	-
δ_{ij}	Kronecker Delta	-
ε_t	Turbulente Dissipationsrate	m^2/s^3
ζ	Druckverlustbeiwert	-
η_{eff}	Effektive dynamische Viskosität	$Pa \cdot s$
η_F	Dynamische Viskosität Fluid	$Pa \cdot s$
η_t	Wirbelviskosität oder turbulente Viskosität	$Pa \cdot s$
κ	Trennschärfe	-
μ_F	Kinematische Viskosität Fluid	m^2/s
τ_f	Reynolds Spannungstensor	$kg/m \cdot s$
τ_K	Kolmogorov Zeitskala	-
τ_P	Partikelreaktionszeit	-
τ_S	Interpartikulärer Stressterm	-
τ_W	Schubspannung	Pa
ρ_F	Dichte Fluid	kg/m^3
ρ_P	Dichte Partikel	kg/m^3
ω	Winkelgeschwindigkeit	1/s

ω_t	Spezifische Dissipationsrate	1/s

Subskript und Superskript

F	Fluid
Fl	Flüssigkeit
i	Zähler
j	Zähler
k	Zähler
P	Partikel
t	Turbulent

Abkürzungsverzeichnis

CFD	Computional Fluid Dynamics
CFL	Courant-Friedrichs-Lewy
DDPM	Dense Discret Phase Model
DEM	Diskrete Elementen Methode
DPM	Discrete Phase Model
DNS	Direkte Numerische Simulation
FVM	Finite-Volumen-Methode
KTGF	Kinetic Theory of Granular Flow
LDA	Laser-Doppler-Anemometer
LES	Large Eddy Simulation
MP-PIC	MultiPhase-Particle-In-Cell
MRF	Multiple Reference Frame
PGV	Partikelgrößenverteilung
PISO	Pressure Implicit with Split Operator
PIV	Particle Image Velocimetry
RANS	Reynolds-gemittelten Navier-Stokes-Gleichungen
SIMPLE	Semi-Implicit Method for Pressure Linked Equations

Literaturverzeichnis

[1] Borho, K., Polke, R., Wintermantel, K., Schubert, H., Sommer, K. "Produkteigenschaften und Verfahrenstechnik". In: *Chemie Ingenieur Technik* 63 (1991), 792-808.

[2] Rumpf H., Leschonski, K. "Prinzipien und neuere Verfahren der Windsichtung". In: *Chemie Ingenieur Technik* 39 (1967), 1231-1241.

[3] Shapiro, M., Galperin, V. "Air classification of solid particles". In: *Chemical Engineering and Processing* 44 (2005), 279-285.

[4] Legenhausen K. "Untersuchung der Strömungsverhältnisse in einem Abweiserad-Sichter". Dissertation. Technische Universität Clausthal (1991).

[5] Duhamel, P., Cordonnier, A., Lemaire, D. "The current state of development of the TSV high-efficiency dynamic classifier". In: *ZKG International (*1997), 540–554.

[6] Feng, Y., Liu, J., Liu, S. "Effects of operating parameters on flow field in a rotor air classifier". In: *Minerals Engineering* 21 *(*2008), 598-604.

[7] Guo, L., Liu, J., Liu, S., Wang, J. "Velocity measurements and flow field characteristic analyses in a rotor air classifier". In: *Powder Technology* 178 (2007), 10- 16.

[8] Kürten, H., Raasch, J. und Rumpf, H. "Beschleunigung eines kugelförmigen Feststoffteilchens im Strömungsfeld konstanter Geschwindigkeit". In: *Chemie Ingenieur Technik* 38 (1966), 941–948.

[9] Sommerfeld, M. "Bewegung fester Partikel in Gasen und Flüssigkeiten". In: *VDI Wärmeatlas*, 1543-1559.

[10] Toneva, P., Epple, P., Breuer, M., Peukert, W., Wirth, K. "Grinding in an air classifier mill – part I: Characterisation of the one-phase flow". In: *Powder Technology* 211 (2011), 19-27.

[11] Stieß, M. *Mechanische Verfahrenstechnik – Partikeltechnologie 1.* Springer (2009), 128-134, 305-329.

[12] Hermann, H. "Zur Ermittlung der Trennkurve – Fehleranalyse und Fehlerverbesserung". In: *Chemie Ingenieur Technik* 52 (1980), 466-467.

[13] Bauer, U. "Zur trennscharfen Feinstsichtung im Fliehkraft–Abweiseradsichtern". Dissertation. Technische Universität Clausthal, (2002).

[14] Tsakalakis, K. G., Stamboltzis, G. A. "Correlation of the Blaine value and the d (80) size of the cement particle size distribution". In: *ZKG International* 61 (2008), 60.

[15] Colon, F. J. "Siebanalysen mit 5- µm- Mikrosieben". In: *Chemie Ingenieur Technik* 37 (1965), 143-145.

[16] Batel, W. "Kritische Betrachtungen zur Teilchengrößenbestimmung durch Siebanalyse, Windsichten, Sedimentieren und den Blaine-Test". In: *Chemie Ingenieur Technik* 29 (1957), 581-589.

[17] Hupach, S. "Proteine und Partikelgröße". In: N*achrichten aus der Chemie* 65 (2017), 1013-1014.

[18] Ruscitti, O., Franke, R., Hahn, H., Babick, F., Richter, T., Stintz, M. "Zum Einsatz der Partikelmesstechnik in der Prozessintensivierung". In: *Chemie Ingenieur Technik* 80 (2008), 191-199.

[19] Toneva, P. "Experimentelle und numerische Untersuchungen zur Mehrphasenströmung in Sichtermühlen". Dissertation. Universität Erlangen-Nürnburg (2010).

[20] Toneva, P., Wirth, K.-E., Peukert, W. "Grinding in an air classifier mill—Part II: Characterisation of the two-phase flow". In: *Powder Technology* 211 (2011), 28–37.

[21] Stender, M., Legenhausen K., Weber, A. P. "Visualisierung der Partikelbewegung in einem Abweiseradsichter". In: *Chemie Ingenieur Technik* 87 (2015), 1392-1401.

[22] Spötter, C., Legenhausen, K., Weber, A. P. "Separation Characteristics of a Deflector Wheel Classifier in Stationary Conditions and at High Loadings: New Insights by Flow Visualization". In: *Kona Powder and Particle Journal* 35 (2018), 172-185.

[23] Spötter, C. "Dynamik der Trenncharakteristik eines Abweiseradsichters". Dissertation. Technische Universität Clausthal, (2018).

[24] Barimani, M., Green, S., Rogak, S. "Particulate concentration distribution in centrifugal air classifiers". In: *Minerals Engineering* 126 (2018), 44-51.

[25] Yu, Y., Ren, W., Liu, J. "A new volute design method for the turbo air classifier". In: *Powder Technology* 348 (2019), 65-69.

[26] Zeng, Y., Zhang, S., Zhou, Y., Li, M. "Numerical Simulation of a Flow Field in a Turbo Air Classifier and Optimization of the Process Parameters". In: *Processes* 8 (2020), 237.

[27] Ren, W., Liu, J., Yu, Y. "Design of a rotor cage with non-radial arc blades for turbo air classifiers". In: *Powder Technology* 292 (2016), 46-53.

[28] Gao, L., Yu, Y., Liu, J. "Effect of rotor cage rotary speed on classification accuracy in turbo air classifier". In: *CIESC Journal* 63 (2012), 1056-1062.

[29] Huang, Q., Liu, J., Yu, Y. "Turbo air classifier guide vane improvement and inner flow field numerical simulation". In: *Powder Technology* 226 (2012), 10-15.

[30] Liu, R., Liu, J., Yu, Y. "Effects of axial inclined guide vanes on a turbo air classifier". In: *Powder Technology* 280 (2015), 1-9.

[31] Guizani, R., Mokni, I., Mhiri, H., Bournot, P. "CFD modeling and analysis of the fish-hook effect on the rotor separator's efficiency". In: *Powder Technology* 264 (2014), 149-157.

[32] Giuzani R., Mhiri, H., Bournot, P. "Effects of the geometry of fine powder outlet on pressure drop and separation performances for dynamic separators". In: *Powder Technology* 314 (2017), 599-607.

[33] Jia, F., Mou, X., Fang, Y., Chen C. "A New Rotor-Type Dynamic Classifier: Structural Optimization and Industrial Applications". In: *Processes* 9 (2021), 1033.

[34] Streicher, C., Flachberger, H. "Aufbereitungstechnische Untersuchungen zur Optimierung von Querstrom-Drehkorbsichtern aus dem Hause Christian Pfeiffer – ein Zwischenbericht". In: *BHM Berg- und Hüttenmännische Monatshefte* 158 (2013), 251-257.

[35] Eswairarah, C., Angadi, S. I., Mishra, B. K. "Mechanism of particle separation and analysis of fish-hook phenomenon in a circulating air classifier". In: *Powder Technology* 218 (2012), 57-63.

[36] Kaczynski, J., Kraft, M. "Numerical investigation of particle separation in a centrifugal air separator". In: *Transaction of the Institute of fluid-flow machinery* 135 (2017), 57-71.

[37] Sun, Z., Sun, G., Liu, J., Yang, X. "CFD simulation and optimization of the flow field in horizontal turbo air classifiers". In: *Advanced Powder Technology* 28 (2017), 1474-1485.

[38] Adamcik, M. "Limit Modes of particulate materials classifier". Dissertation. Brno university of technology, (2017).

[39] Sun, Z., Liang, L., Liu, C., Zhu, Y., Zhang. L., Yang, G. "CFD simulation and performance optimization of a new horizontal turbo air classifier". In: *Advanced Powder Technology* 32 (2021), 977-986.

[40] Spötter, C., Hennig, M., Elskamp, F., Teipel, U., Weber, A.P., Kruggel-Emden, H. "DEM-Simulation von Trennfunktionen für Trockenklassierprozesse in Siebung und Gegenstromsichtung bei geringen Gutbeladungen". In: *Chemie Ingenieur Technik* 89 (2019), 1726-1738.

[41] Galk, J. "Feinsttrennung in Abweiseradsichtern". Dissertation. Technische Universität Clausthal, (1995)

[42] Yu, Y., Liu J., Zhang K. "Establishment of a prediction model for the cut size of turbo air classifiers". In: *Powder Technology* 254 (2014), 274 -280.

[43] Husemann, K. "Modellierung des Sichtprozesses am Abweiserad". In: *Aufbereitungstechnik* 31 (1990), 359 – 366.

[44] Molerus, O. "Stochastisches Modell der Gleichgewichtssichtung". In: *Chemie Ingenieur Technik* 39 (1967), 792-796.

[45] Molerus, O., Hoffmann, H. "Darstellung von Windsichtertrennkurven durch ein stochastisches Modell". In: *Chemie Ingenieur Technik* 41 (1969), 340-344.

[46] Betz, M., Nirschl, H., Gleiss, M. "Development of a New Solver to Model the Fish-Hook Effect in a Centrifugal Classifier". In: *Minerals* 11 (2021), 663.

[47] Ferziger, J. H., Peric, M., Street, R. L. *Numerische Strömungsmechanik*. Springer (2008), 25-60.

[48] Ariyaratne, W., Manjula, E., Ratnayake, C., Melaaen, M. "CFD Approaches for Modeling Gas-Solids Multiphase Flows – A Review". In: *Environmental Science* 142 (2018), 680-686.

[49] Reeks, M. W. “On the continuum equations for dispersed particles in nonuniform flows”. In: *Physics of Fluids* A4 (1992), 1290–1303.

[50] Crowe, C., Schwarzkopf, J., Sommerfeld, M., Tsuji. Y. *Multiphase flows with droplets and particles*. CRC Press (2011).

[51] Elghobashi, S. "On predicting particle-laden turbulent flows". In: *Applied Scientific Research* 52 (1994), 309-329.

[52] ANSYS fluent theory guide 15.0. Canonsburg, PA, ANSYS Inc. (2013).

[53] Fernandes, C., Semyonoy, D., Ferrad, L. L., Miguel Nobrega, J. "Validation of the CFD-DPM solver DPMFoam in OpenFOAM through analytical, numerical and experimental comparisons". In: *Granular Matter* 20 (2018), 64.

[54] O'Sullivan, C. *Particulate Discrete Element Modelling: A Geomechanics Perspective*. CRC Press (2011).

[55] Kafui, K. D., Thornton, C., Adams, M.J. "Discrete particle-continuum fluid modelling of gas-solid fluidised beds". In: *Chemical Engineering* Science 57 (2002), 2395-2410.

[56] Haider, A., Levenspiel, O. “Drag coefficient and terminal velocity of spherical and nonspherical particles”. In: *Powder* Technology 58 (1989), 63-70.

[57] Ergun, S., Orning, A. “Fluid flow through randomly packed columns and fluidized beds“. In: *Industrial Engineering Chemistry* 41 (1949), 1179–1184.

[58] Wen, C., Yu, Y. “Mechanics of fluidization”. In: *Chemical Engineering Process* 162 (1966), 100-111.

[59] Tsuji, Y., Tanaka, T., Ishida, T. “Lagrangian numerical simulation of plug flow of cohesionless particles in a horizontal pipe”. In: *Powder Technology* 71 (1992), 239–250.

[60] Caliskan, U., Miskovic, S. “A chimera approach for MP-PIC simulations of dense particulate flows using large parcel size relative to the computational cell size”. In: *Chemical Engineering Journal Advances* 5 (2021).

[61] Harris, S. E., Crighton, D. G. “Solitons, solitary waves, and voidage disturbances in gas-fluidized beds“. In: *Journal of Fluid Mechanics* 266 (1994), 243–276.

[62] Fröhlich, J. *Large Eddy Simulation turbulenter Strömungen*. Vieweg + Teubner Verlag (2007).

[63] Wilcox, D. C. *Turbulence modeling for CFD*. DCW Industries, (2006).

[64] Menter, F. R. "Two-equation eddy-viscosity turbulence models for engineering applications". In: *AIAA Journal* 32 (1994), 1598–1605.

[65] Weers, M., Hansen, L., Schulz, D., Benker, B., Wollmann, A., Kykal, C., Kruggel-Emden, H., Weber, A. P.. "Development of a Model for the Separation Characteristics of a Deflector Wheel Classifier Including Particle Collision and Rebound Behavior". In: Minerals (2022).

[66] Paschedag, A., *CFD in der Verfahrenstechnik*. Wiley-VCH, (2004).

[67] Doerffel, K. *Beurteilung von Analysenverfahren und –Ergebnissen*. Springer, (1965).

[68] Schiller, L., Hahnemann, H. W., Linke, W. *Strömung durch Rohre*. Springer, (1955).

[69] Muschelknautz, S., Klug, F. "Propellersonde zur Betriebsmessung von Gas-Feststoff-Strömungen bei hohen Temperaturen". In: *Tagungsbericht zur VGB-Konferenz „Wirbelschichtsysteme"*, Essen, (1990).

[70] Muschelknautz, U., *VDI Wärmeatlas L3.4*. Springer, (2006), 1400-1412.

[71] Weers, M., Wollmann, A., Teipel, I, Weber, A.P. *Dynamics of Separation Characteristics of Sieving and Flow Classification Processes* in *Dynamic Flowsheet Simulation of Solids Processes*. Springer (2020), 349-390.